地域气候适应型绿色公共建筑设计研究丛书　丛书主编　崔愷

绿色公共建筑的气候适应机理研究

Study on Climate Adaptation Mechanism of Green Public Buildings

张悦　主编

程晓喜　黄献明　田永英　副主编

清华大学建筑学院

住房和城乡建设部科技与产业化发展中心

中国建筑设计研究院有限公司

清华大学建筑设计研究院有限公司

编著

中国建筑工业出版社

U0177988

图书在版编目（CIP）数据

绿色公共建筑的气候适应机理研究=Study on
Climate Adaptation Mechanism of Green Public
Buildings / 清华大学建筑学院等编著；张悦主编. —
北京：中国建筑工业出版社，2021.9
（地域气候适应型绿色公共建筑设计研究丛书 / 崔
恺主编）
ISBN 978-7-112-26311-0

Ⅰ. ①绿… Ⅱ. ①清… ②张… Ⅲ. ①气候影响—公
共建筑—生态建筑—建筑设计—研究 Ⅳ. ①TU242

中国版本图书馆CIP数据核字（2021）第133122号

丛书策划：徐　冉　　责任编辑：焦　扬　徐　冉　陆新之
书籍设计：锋尚设计　　责任校对：党　蕾

地域气候适应型绿色公共建筑设计研究丛书
丛书主编　崔恺

绿色公共建筑的气候适应机理研究
Study on Climate Adaptation Mechanism of Green Public Buildings

清华大学建筑学院　住房和城乡建设部科技与产业化发展中心
中国建筑设计研究院有限公司　清华大学建筑设计研究院有限公司　编著
张　悦　主编
程晓喜　黄献明　田永英　副主编
＊
中国建筑工业出版社出版、发行（北京海淀三里河路9号）
各地新华书店、建筑书店经销
北京锋尚制版有限公司制版
北京富诚彩色印刷有限公司印刷
＊
开本：889毫米×1194毫米　横1/20　印张：9　字数：170千字
2021年10月第一版　　2021年10月第一次印刷
定价：**92.00**元
ISBN 978-7-112-26311-0
　　　（37930）

丛书编委会

丛书主编

崔 愷

丛书副主编

（排名不分前后，按照课题顺序排序）

徐 斌　孙金颖　张 悦　韩冬青　范征宇　常钟隽

付本臣　刘 鹏　张宏儒　倪 阳

工作委员会

王 颖　郑正献　徐 阳

丛书编写单位

中国建筑设计研究院有限公司

清华大学

东南大学

西安建筑科技大学

中国建筑科学研究院有限公司

哈尔滨工业大学建筑设计研究院

上海市建筑科学研究院有限公司

华南理工大学建筑设计研究院有限公司

《绿色公共建筑的气候适应机理研究》

清华大学建筑学院
住房和城乡建设部科技与产业化发展中心　编著
中国建筑设计研究院有限公司
清华大学建筑设计研究院有限公司

主编

张　悦

副主编

程晓喜　黄献明　田永英

主要参编人员

宋修教　连　璐　贺秋时　李榕榕　袁　朵　李志红
林奕莹　刘倩君　刘燕南　徐　斌　孙金颖　马莹莹
刘晓晖　夏　伟　栗　铁　党雨田

　　2021年4月15日，"江苏·建筑文化大讲堂"第六讲在第十一届江苏省园博园云池梦谷（未来花园）中举办。我站在历经百年开采的巨大矿坑的投料口旁，面对一年多来我和团队精心设计的未来花园，巨大的伞柱在波光下闪闪发亮，坑壁上层层叠叠的绿植花丛中坐着上百名听众，我以"生态·绿色·可续"为主题，讲了我对生态修复、绿色创新和可持续发展的理解和在园博园设计中的实践。听说当晚在网上竟有超过300万的点击率，让我难以置信。我想这不仅仅是大家对园博会的兴趣，更多的是全社会对绿色生活的关注，以及对可持续发展未来的关注吧！

　　的确，经过了2020年抗疫生活的人们似乎比以往任何时候都更热爱户外，更热爱健康的绿色生活。看看刚刚过去的清明和五一假期各处公园、景区中的人山人海，就足以证明人们对绿色生活的追求。因此城市建筑中的绿色创新不应再是装点地方门面的浮夸口号和完成达标任务的行政责任，而应是实实在在的百姓需求，是建筑转型发展的根本动力。

　　近几年来，随着习近平总书记对城乡绿色发展的系列指示，国家的建设方针也增加了"绿色"这个关键词，各级政府都在调整各地的发展思路，尊重生态、保护环境、绿色发展已形成了共同的语境。

"十四五"时期，我国生态文明建设进入以绿色转型、减污降碳为重点战略方向，全面实现生态环境质量改善由量变到质变的关键时期。尤其是2021年4月22日在领导人气候峰会上，国家主席习近平发表题为"共同构建人与自然生命共同体"的重要讲话，代表中国向世界作出了力争2030年前实现碳达峰、2060年前实现碳中和的庄严承诺后，如何贯彻实施技术路径图是一场广泛而深刻的经济社会变革，也是一项十分紧迫的任务。能源、电力、工业、交通和城市建设等各领域都在抓紧细解目标，分担责任，制定计划，这成了当下最重要的国家发展战略，时间紧迫，但形势喜人。

面对国家的任务、百姓的需求，建筑师的确应当担负起绿色设计的责任，无论是新建还是改造，不管是城市还是乡村，设计的目标首先应是绿色、低碳、节能的，创新的方法就是以绿色的理念去创造承载新型绿色生活的空间体验，进而形成建筑的地域特色并探寻历史文化得以传承的内在逻辑。

对于忙碌在设计一线的建筑师们来说，要迅速跟上形势，完成这种转变并非易事。大家习惯了听命于建设方的指令，放弃了理性的分析和思考；习惯了形式的跟风，忽略了技术的学习和研究；习惯了被动的达标合规，缺少了主动的创新和探索。同时还有许多人认为做绿色建筑应依赖绿色建筑工程师帮助对标算分，依赖业主对绿色建筑设备设施的投入程度，而没有清楚地认清自己的责任。绿色建筑设计如果不从方案构思阶段开始就不可能达到"真绿"，方案性的铺张浪费用设备和材料是补不回来的。显然，建筑师需要改变，需要学习新的知识，需要重新认识和掌握绿色建筑的设计方法，可这都需要时间，需要额外付出精力。当绿色建筑设计的许多原则还不是"强条"时，压力巨大的建筑师们会放下熟练的套路方法认真研究和学习吗？翻开那一本本绿色生态的理论书籍，阅读那一套套相关的知识教程，相信建筑师的脑子一下就大了，更不用说要把这些知识转换成可以活学活用的创作方法了。从头学起的确很难，绿色发展的紧迫性也容不得他们学好了再干！他们需要的是一种边干边学的路径，是一种陪伴式的培训方法，是一种可以在设计中自助检索、自主学习、自动引导的模式，随时可以了解原理、掌握方法、选取技术、应用工具，随时可以看到有针对性的参考案例。这样一来，即便无法保证设计的最高水平，但至少方向不会错；即便无法确定到底能节约多少、减排多少，但至少方法是对的、效果是"绿"的，至少守住了绿色的底线。毫无疑问，这种边干边学的推动模式需要的就是服务于建筑设计全过程的绿色建筑设计导则。

"十三五"国家重点研发计划项目"地域气候适应型绿色公共建筑设计新方法与示范"（2017YFC0702300）由中国建筑设计研究院有限公司牵头，联合清华大学、东南大学、西安建筑科技大学、中国建筑科学研究院有限公司、哈尔滨工业大学建筑设计研究院、上海市建筑科学研究院有限公司、华南理工大学建筑设计研究院有限公司，以及17个课题参与单位，近220人的研究团队，历时近4年的时间，系统性地对绿色建筑设计的机理、方法、技术和工具进行了梳理和研究，建立了数据库，搭建了协同平台，完成了四个气候区五个示范项目。本套丛书就是在这个系统的框架下，结合不同气候区的示范项目编制而成。其中汇集了部分研究成果。之所以说是部分，是因为各课题的研究与各示范项目是同期协同进行的。示范项目的设计无法等待研究成果全部完成才开始设计，因此我们在研究之初便共同讨论了建筑设计中绿色设计的原理和方法，梳理出适应气候的绿色设计策略，提出了"随遇而生·因时而变"的总体思路，使各个示范项目设计有了明确的方向。这套丛书就是在气候适应机理、设计新方法、设计技术体系研究的基础上，结合绿色设计工具的开发和协同平台的统筹，整合示范项目的总体策略和研究发展过程中的阶段性成果梳理而成。其特点是实用性强，因为是理论与方法研究结合设计实践；原理和方法明晰，因为导则不是知识和信息的堆积，而是导引，具有开放性。希望本项目成果的全面汇集补充和未来绿色建筑研究的持续性，都会让绿色建筑设计理论、方法、技术、工具，以及适应不同气候区的各类指引性技术文件得以完善和拓展。最后，是我们已经搭出的多主体、全专业绿色公共建筑协同技术平台，相信在不久的将来也会编制成为App，让大家在电脑上、手机上，在办公室、家里或工地上都能时时搜索到绿色建筑设计的方法、技术、参数和导则，帮助建筑师作出正确的选择和判断！

当然，您关于本丛书的任何批评和建议对我们都是莫大的支持和鼓励，也是使本项目研究成果得以应用、完善和推广的最大动力。绿色设计人人有责，为营造绿色生态的人居环境，让我们共同努力！

崔愷

2021年5月4日

　　绿色建筑事业的推动，是中国生态文明建设和可持续发展的重要内容，也将为中国实现碳达峰和碳中和战略目标做出积极贡献。经过多年的研究和实践积累，中国已经初步建立起一整套较为完善的绿色建筑评价和认证体系。在中央城市工作会议后，更是将"绿色"与"适用""经济""美观"并列为新时期建筑方针。

　　基于上述背景，本书研究尝试从建筑设计的角度出发，探索发现公共建筑形体空间与地域气候参数之间更多的相关性规律，以期在不同的建筑设计阶段形成有益的参考和提示，并最终以"绿色"来充实现有的建筑设计原理及审美。

　　首先，本书研究聚焦于"建筑形体空间"。这主要是针对当前绿色建筑评价体系不断扩展乃至泛化，但真正从建筑形体空间上捕捉关键控制要素的研究仍有所不足，从而导致了建筑设计与绿色评价的"两张皮"问题。现实的"绿色设计"通常是建筑师仍然根据传统的设计原理先完成设计，然后再套用上能够适用的绿色设计手法予以解释；而在绿建评价认证时则往往通过专门的咨询师，从设计以外的打分项来凑分，用高性能高成本的材料和设备来达成绿色评价要求。同时，经典的建筑气候适应性设计原理，多从传统的居住建筑建构经验出发，无法适应公共建筑更为复杂的功能给形体空间带来的限制，因而对公共建筑形体空间的指导性不足。为避免以上问题的发生，如果能够针对公共建筑的形体空间特征，研究并总结其气候适应性机理，在"建筑形体空间"方面发现更多"绿色"控制要素，将有利于建筑师在建筑设计早期阶段的"绿色化"，减轻后期在建筑材料和设备上的"负荷"与成本。

第二，在建筑形体空间的气候适应机理的框架构建上，本书第1章采用了"解析+抓关键"的研究思路。一个维度上，将"建筑形体空间"按照建筑创作的流程和习惯，分解到"场地布局–形体朝向–空间组织–表皮设计"四个阶段；另一个维度上，将"地域气候"按照能耗贡献度与贡献方式，分解为"温湿度（传导）–日照（辐射）–通风（对流）"三个方面。进而把以上两个维度横纵交叉，将建筑的气候适应性分解为"热适应"和"风适应"两个方面的若干关键控制项，其中："热适应"指通过建筑形体空间塑造，在过热季降低室内热感受、在过冷季提升室内热感受以及通过空间组织和行为引导尽量延长过渡季感受；而"风适应"则是指通过建筑形体空间塑造，在过渡季尽量增加室内外环境之间的自然通风与交流。

第三，通过对上述"建筑形体空间"和"地域气候"在横、纵维度交叉节点的关键控制项，开展定量的相关性研究，本书第2～7章的研究得到了若干探索性发现。其中，研究提出的"场地透风度""场地遮蔽度""空间透风度""空间热分布"等形体空间指标，极有潜力成为与已有"体形系数""窗墙比"等相类似的设计控制性或引导性指标；而研究发现的"形体风朝向""形体热朝向"的地域气候弱相关性，也可为建筑师在建筑设计上带来更多创作的自由。

第四，除了单项关键控制项的定量研究之外，本书第8章也探索从建筑师和建筑设计的角度，研发一个综合的、便捷的绿色公共建筑设计评价工具。通过手机端应用的快速参数输入，建筑师得以在设计早期的各个阶段，得到绿色评价反馈。该评价工具在其专家评审会上受到赞赏与期待，可望在未来与关键控制项的参数阈值研究密切配合，同时完善与建筑设计软件工具之间的研发连接，进而取得巨大的实践应用价值。

本书研究是国家重点研发计划重点专项课题"绿色公共建筑的气候适应机理研究"（2017YFC0702301）的研究成果，由清华大学、清华大学建筑设计研究院、住房和城乡建设部科技与产业化发展中心共同承担。课题共包括三项研究子任务，其中子任务1"与典型地域气候区相适应的绿色公共建筑设计数据库构建研究"由田永英、宋修教等负责；子任务2"地域气候参数与绿色公共建筑形体空间设计的耦合关系研究"由张悦、程晓喜等负责；子任务3"绿色公共建筑形体空间气候适应性评价工具研究"由黄献明、袁朵等负责。

基于以上课题研究，本书由张悦担任主编，程晓喜、黄献明、田永英担任副主编，全体课题组成员集体编写，其中：第1、3章由连璐执笔撰写，第2、4、6章由宋修教执笔撰写，第5章由李榕榕执笔撰写，第7章由贺秋时执笔撰写，第8章由袁朵、李志红执笔撰写；林奕莹、刘倩君、刘燕南、党雨田对本书编写做出了重要贡献。

同时，本书研究得到专项总负责人崔愷院士的悉心指导和组织，得到清华大学林波荣、宋晔皓、刘念雄、周正楠，及中国建筑科学研究院有限公司薛明、北京市建筑设计研究院有限公司焦舰、北京交通大学建筑与艺术学院夏海山、天津大学建筑学院刘刚、北京建筑大学建筑与城市规划学院范宵鹏、中国建筑标准设计研究院有限公司贺静、北京维拓时代建筑设计股份有限公司常海龙等教授专家学者的指导与支持,同时得到本专项平行课题组韩冬青、范征宇、常钟隽、于洁、付本臣、刘鹏、张宏儒、倪阳等的相互交流与协作。在此一并致谢!

本书编写组
2021年7月于清华园

第 1 章　绿色公共建筑适应地域气候的典型模式与形体空间参数框架

第 2 章　关键机理探索："场地-风适应"研究

关键机理探索："场地-热适应"研究

关键机理探索："形体-风适应"研究

关键机理探索："形体-热适应"研究

关键机理探索:"空间-风适应"研究

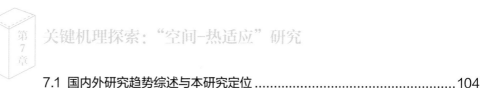
关键机理探索:"空间-热适应"研究

绿色公共建筑形体空间气候适应性评价工具

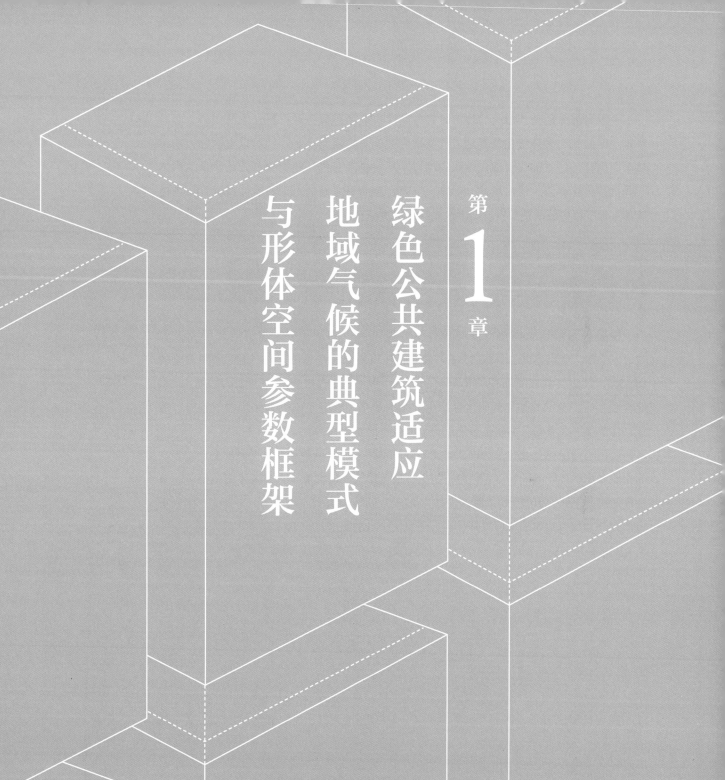

第 1 章

绿色公共建筑适应
地域气候的典型模式
与形体空间参数框架

中国当前绿色公共建筑的理论研究与设计实践注重设备和材料性能的提升，而对建筑空间组织与形体优化及其地域气候适应性的关注有所不足。针对以上问题，本章基于国内外形体空间气候适应性研究综述，开展机理分析，归纳绿色公共建筑的形体空间描述指标体系，提出场地、形体、空间、界面等方面的若干关键性指标，作为建筑师主导下绿色公共建筑设计新方法构建的机理研究支撑。

1.1 背景与意义

根据中国建筑节能协会能耗统计专业委员会发布的《中国建筑能耗研究报告（2017）》[1]，全国建筑总面积达591.93亿m²，建筑能源消费总量占全国能源消费总量的19.93%，其中公共建筑面积约107.65亿m²，能耗占建筑能耗总量的34%；从单位面积能耗强度看，公共建筑能耗强度在四类建筑中最高，且近年来一直保持增长趋势。因此，建筑节能尤其是公共建筑节能成为节能减排的重要任务。

我国当前绿色公共建筑的理论研究与设计实践存在重设备和材料性能的提升、轻空间组织和形体优化等问题。崔愷院士指出，绿色建筑的研究除了在技术手段或绿色建筑评定的层面之外，不能忽略与建筑设计方法的结合[2]。自2017年以来的"十三五"国家重点研发计划绿色建筑领域项目开始注重从建筑设计的维度进行形体空间解析，该方向的研究对地域气候适应型绿色公共建筑设计的理论创新与实践应用具有重要意义。

1.2 国内外绿色建筑形体空间气候适应性相关研究的趋势综述

1.2.1 绿色建筑设计方法

在理论研究方面，维克托·奥戈亚（Victor Olgyay）提出"生物气候地方主义"的设计理论，系统地探讨建筑、气候、地域与人体生物感觉及其之间的关系，关注微气候、建筑层面的气候平衡、建筑选址、朝向、形态、气流组织、围护结构性能等参数[3]。巴鲁克·吉沃尼（Baruch Givoni）从人的舒适度出发考察分析气候条件，提出建筑平面布局、墙体与窗户朝向、遮阳设施等方面的设计策略[4]，并将研究领域拓展到城市设计，系统地分析气候与城市、建筑的关系，并针对不同气候区提出城市与建筑设计方法和策略[5]。宋晔皓探讨了建筑系统结构与生物气候缓冲层的建构问题，从宏观、中观、微观三个层面与聚落空间、建筑实体、建筑细部三个方面，具体讨论城市布局、建筑密度、开放空间、建筑造型、朝向、功能、景观、围护结构开口与遮阳、选材的建筑设计要素等[6]。

在实践应用方面，哈桑·法赛（Hassan Fathy）主张，人是有机生态系统中的一员，与周围环境相互影响、相互改变，建筑则像植物一样处于周围环境的影响之中，并从建筑形态、建筑朝向、空间组织、建筑材料、肌理、颜色、开敞空间设计等影响微气候的七个方面评价和提出设计策略[7]。查尔斯·M. 科里亚（Charles M. Correa）结合印度湿热气候与自身设计实践提出"形式追随气候"的口号，主张建筑不能只由结构与功能决定，必须尊重气候[8]。杨经文提出生态设计的原则，将生物气候学的设计原则运用于高层集中式的建筑设计中，指出生态设计与生物气候学的设计方法在土地利用、总体布局、建筑形式、朝向、平面形状、立面、开窗、屋顶、绿化等方面与其他设计方法的差异等[9]。

1.2.2　绿色建筑评价体系

从20世纪90年代开始，世界各国涌现了多项绿色建筑评价体系，如英国建筑研究所环境评价法（BREEAM）、美国绿色建筑评估体系（LEED）、日本建筑环境综合性能评价认证体系（CASBEE）、德国可持续建筑评价体系（DGNB）等。目前，世界上大部分绿色建筑评价体系基于关键指标法，通过基础研究、相关标准、专家访谈、社会调查等方法提炼指标，采用层次分析法确定指标权重，得到最终结论。例如，美国LEED与英国BREEAM通过对关键性指标进行赋值与评价，评价目标建筑的可持续发展程度，如建筑开发密度、建筑外围护结构的热工性能等；日本CASBEE提出建筑环境效率的概念，通过计算建筑环境质量与建筑环境负荷的比值评价目标建筑的可持续发展程度；德国DGNB考虑经济性、人文性，从环境、经济、社会文化与功能、技术、建设、区位六个方面评价目标建筑的可持续发展程度，提出面积使用率、使用功能可改性与适用性等指标。

中国的绿色建筑评价体系的建构发展迅速。2001年9月，《中国生态住宅技术评估手册》[10]出版。2003年8月，《绿色奥运建筑评估体系》[11]出版，在规划、设计、施工、验收与运行管理四个阶段对奥运建筑提出具体的规范与要求，并将各项指标分为建筑环境质量与环境代价两类，进行定量与权重分配。其中，建筑设计部分主要涉及建筑规模、容积与面积控制、单个观众席的折合面积与造价、室内热环境、自然采光、日照量、自然通风效果等。2006年3月，《绿色建筑评价标准》GB/T 50378—2006[12]颁布，明确了绿色建筑的定义、评价指标与评价方法，确立了我国以"四节一环保"为核心内容的绿色建筑发展理念与评价体系，对影响建筑环境负荷的关键性指标进行赋值与评价。《绿色建筑评价标准》（GB/T 50378—2014与GB/T 50378—2019）覆盖了设计、施工、验收、评价4个阶段，其中与形体空间相关的指标共计42项，涉及节地与土地利用、节能与能源利用、节水与水资源利用、节材与绿色建材4个章节中的20项条目[13][14]。在此基础上，绿色建筑评价地方标准、行业标准与针对不同建筑类型和领域的绿色建筑评价标准也相继出台，扩展了评价体系的适用对象。

1.3 绿色公共建筑的形体空间气候适应性机理

《绿色建筑评价标准》GB/T 50378在发挥巨大行业影响力和贡献的同时，也出现一定的问题和不足。第一，评价体系较为偏重设备与材料性能的提升，关注空间组织与形体优化不足。第二，评价对象主要针对空间形体结果，关注设计方法和过程不足。第三，强调综合性、普适性要求，缺乏对特定地域的环境与气候条件差异的深入评价，针对地域性设置的相关条文较少，地域气候适应性考虑不足。

针对以上问题以及基于前述国内外相关研究趋势归纳，本章以建筑形体空间为关注点，分析地域环境与气候条件对建筑形体空间产生影响的机理、方式、范围及形体空间的适应方式，进而从场地、形体、空间、界面等方面对形体空间进行解析，构建绿色公共建筑的形体空间描述指标体系与设计方法指引。

刘加平院士指出，"建筑的产生，原本就是人类为了抵御自然气候的严酷而改善生存条件的'遮蔽所'（shelter），使其间的微气候适合人类的生存"[15]。对建筑内微气候造成主要影响的外界气候要素包括温湿度、日照、风。

如图1-1所示，人体对外界各气候要素的感受存在一定的舒适范围，而不同季节、不同气候区自然气候的变化曲线不同，其与舒适区的位置关系不同，相应的建筑与气候的适应机理也不同。主要有以下四条。

（1）对过热气候的调节适应（图1-1蓝色箭头）。要点为通过体型开敞散热、遮阳隔热将过热气候曲线往舒适区范围内"下拽"，以达到缩短过热非过渡季，同时降低最热气候值以减少空调能耗的目标。

（2）对过冷气候的调节适应（图1-1橙色箭头）。要点为通过体型紧凑保温、增加得热将过冷气候曲线往舒适区范围内"上拉"，以达到缩短过冷非过渡季，同时提高最冷气候值以减少供暖能耗（或空调能耗）的目标。

（3）对过渡季气候的调节适应（图1-1绿色箭头）。过渡季指春、秋两季外界气候处于人体舒适区范围内的时间，要点为通过建筑的冷热调节延长过渡季，并在其间通过引导自然通风加强与外界气候的互动。

（4）扩展舒适区范围（图1-1紫色箭头）。这里是指根据人的停留时长、人在其中的行为等标准将建筑内的不同空间进行区分，走廊、门厅、楼梯等空间的气候舒适范围不必如办公室、教室等功能房间那样，可上下扩展一定范围。

图1-1 绿色公共建筑的形体空间气候适应性机理示意
（资料来源：张悦绘制）

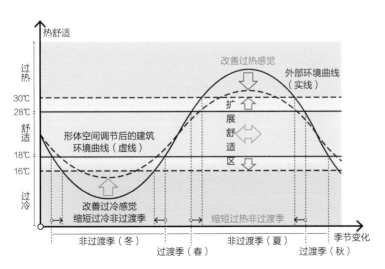

1.4 一种建筑形体空间适应地域气候的总体框架

根据以上绿色公共建筑的形体空间气候适应性机理，本章从场地、形体、空间、界面四个维度提出形体空间密度、复合绿化率、外表接触系数、最佳太阳朝向面积比、迎风面积比、缓冲空间面积比、外区面积比、空间透风度、窗墙面积比、外遮阳系数、可开启面积比等11个描述指标，构建绿色公共建筑适应地域气候的形体空间参数框架。

1.4.1　场地

（1）控制形体空间密度，调节场地微环境。

从场地层面，主要考虑建筑群体对场地微气候的作用，在机理上聚焦场地微环境及热岛效应，其成因可分为地点热源放热、二次放热与散热不畅等[16]。因此，重点剖析梳理与放热相关的场地建设强度指标。2004年，贝格豪泽·庞特（M. Berghauser Pont）与豪普特（P. Haupt）提出空间伴侣（Spacemate）体系[17]，避免了使用单项建筑密度指标描述建筑和城市环境密度状态的局限性。该体系由容积率、建筑覆盖率、平均层数与开放空间率四个指标组成。其中，容积率与建筑覆盖率（即建筑密度）一般作为土地开发强度的重要指标；建筑覆盖率与平均层数分别反映建筑在水平方向与垂直方向的聚集度；开放空间率指未被建筑或构筑物占据的空地面积总和与总建筑面积之比，表征单位建筑面积对应的开放空间规模。基于以上研究综述，本章提出形体空间密度指标，综合分析建筑群体密度状态对场地微环境和热岛效应的影响（图1-2）。

（2）提高复合绿化率，减缓热岛效应。

相关研究表明，植被和水体能够有效降低场地平均温度，缓解热岛效应[18-20]。目前我国常用绿化评价指标，如绿地率、绿化覆盖率和人均公共绿地面积等，主要用于衡量城市绿地的平面绿量。1987 年，日本学者青木阳二提出"绿视率"的概念[21]，并于2004年成为日本绿色景观评价体系的常规指标[22]。该指标评价人的视野中绿色所占的比重，可

图1-2
形体空间密度指标示意[1]
（资料来源：连璐根据"地域气候适应型绿色公共建筑设计新方法与示范"（2017YFC0702300）项目组提供案例图片绘制）

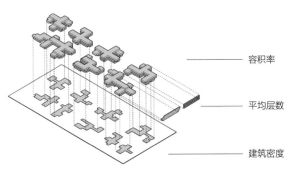

容积率

平均层数

建筑密度

雄安市民服务中心企业临时办公区 / 中国建筑设计研究院本土设计研究中心，2018

形体空间密度 = 建筑总体积 /（用地红线周长 × 建筑最大高度）×100%

图1-3
复合绿化率指标示意[2]
（资料来源：连璐根据"地域气候适应型绿色公共建筑设计新方法与示范"（2017YFC0702300）项目组提供案例图片绘制）

② 集中建设，增大开放空间面积

③ 屋顶绿化

① 保留场地原有绿地与水体

④ 增大规模以上绿地面积

金港文化中心 / 中国建筑设计研究院本土设计研究中心，在建

复合绿化率 =（垂直绿化面积 + 屋顶绿化面积 + 水平实土绿化面积 + 水体面积）/ 用地面积 ×100%
（注：屋顶绿化指覆土深度 600mm 以上部分）

以用于衡量立体绿化的程度。基于以上研究综述，本章提出复合绿化率指标，综合分析垂直绿化、屋顶绿化、水平实土绿化与水体对热岛效应的缓解作用（图1-3）。

---

① 图 1-2 所示项目案例为雄安市民服务中心企业临时办公区。该项目具有临时性和一定的示范意义，设计方案之初明确了可生长、轻介入的原则，选用"十字"单元组合模式，并采用装配化、工厂化的箱式建造体系。

② 图 1-3 所示项目案例为金港文化中心。该项目周边地块为高容积率的写字楼，因此明确"城市绿洲"的理念，维持低密度、开放性，最大化保留场地原有水系，采用"蓄水屋面 + 屋面种植 + 墙面绿化 + 场地绿化"的综合绿化手段补偿建设工程对自然的侵占。

1.4.2　形体

（1）控制外表接触系数，调节不同地域气候下的建筑散热。

体形系数是建筑表皮设计与控制的重要指标，体现了建筑形体的复杂程度，一般认为，体形系数越小，外围护结构的传热损失越少，建筑物与外界能量交换越少。针对体形系数的优化包括：夏春海综合考虑了建筑热性能与形体几何关系的共同作用，引入温差传热与太阳辐射影响的权重因子对建筑不同朝向的围护结构面积进行修正，提出围护结构热性能的综合评价指标——热体形系数[23]；赵鹏等提出名义最佳建筑体形系数与实际最佳建筑体形系数的概念，分析体形系数的理解与计算误区，提出以表征单位建筑面积所对应的围护结构面积的指标——形体系数代替体形系数[24]；鲁迪·奥恩哈克（Rudy Uytenhaak）关注高密度城市环境的空间品质，提出表征单位建筑面积所对应的立面面积的指标——立面系数，反映建筑实体与外部环境之间可能发生渗透的程度[25]；邓巧明考虑第五立面露天平台或天窗等对空间品质与舒适度的影响，提出外部接触系数以修正立面系数。[26]基于以上研究综述，本章提出描述建筑散热状况的指标——外表接触系数，综合考虑建筑立面、屋顶与架空底面和室外大气的接触，同时消除高大空间中建筑层高对原有体形系数指标的干扰影响（图1-4）。

（2）控制最佳太阳朝向面积比，调节不同地域气候下的建筑得热。

建筑的朝向与得热密切相关，增大建筑朝阳面积有利于太阳辐射得热。一些学者综合考虑不同地域气候下建筑各朝向墙面与室内空间可获得的日照时间、日照面积、有利于地区气温特点的太阳辐射等主要因素，通过对有关数据进行实测统计和分析计算得出该地区建筑的最佳朝向或适宜朝向[27]，分析计算不同地区建筑在不同朝向时的能耗，得出建筑朝向对能耗有显著影响的结论[28][29]。基于以上研究综述，本章提出最佳太阳朝向面积比指标，描述形体与朝向对建筑得热的影响作用（图1-5）。

（3）减小建筑迎风面积比，改善建筑通风。

场地环境的界面粗糙度反映形体空间对大气流动的影响程度[30]。《城市居住区热环境设计标准》JGJ 286—2013定义迎风面积比为迎风面积与最大可能迎风面积之比，通风阻

龙湖顺达近零能耗主题馆 /SUP 素朴建筑工作室，北京清华同衡规划设计研究院有限公司，2017

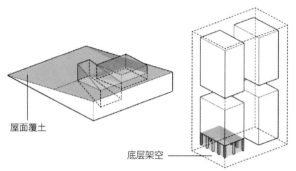

屋面覆土

底层架空

深圳建科大楼 / 深圳市建筑科学研究院，2009

外表接触系数 =（建筑立面展开面积 + 建筑屋顶面积 + 架空底面面积）/ 总建筑面积 ×100%

图 1-4　外表接触系数指标示意[1]
（资料来源：连璐根据"地域气候适应型绿色公共建筑设计新方法与示范"（2017YFC0702300）项目组提供案例图片绘制）

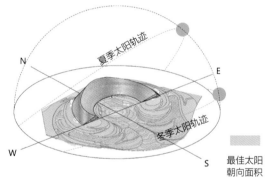

N

E

夏季太阳轨迹

冬季太阳轨迹

W

S

最佳太阳朝向面积

2019 年中国北京世界园艺博览会中国馆 / 中国建筑设计研究院第一建筑专业设计研究院，2019

最佳太阳朝向面积比 = 建筑在所在地最佳太阳朝向上的投影面积 / 建筑最大可能投影面积 ×100%
（注：最佳太阳朝向根据 Ecotect 软件计算得出，即建筑在过冷时间内得到太阳辐量较多，在过热时间内得到太阳辐射量较少的朝向）

图 1-5　最佳太阳朝向面积比指标示意[2]
（资料来源：宋修教根据"地域气候适应型绿色公共建筑设计新方法与示范"（2017YFC0702300）项目组提供案例图片绘制）

---

① 图 1-4 所示项目案例之一为龙湖顺达近零能耗主题馆。该项目位于河北省保定市高碑店市，属寒冷气候区，通过以完整体量包裹不同功能空间的方式减少与外界接触散热。另一项目案例为深圳建科大楼。该项目位于广东省深圳市，属夏热冬暖气候区，通过分散、扩展功能空间增加与外界接触散热。

② 图 1-5 所示项目案例为 2019 年中国北京世界园艺博览会中国馆。该项目总平面呈弧线形，并采用双坡屋顶有效增加接收太阳辐射面积。

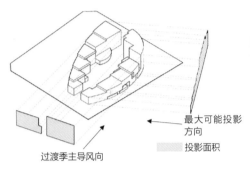

过渡季主导风向

最大可能投影方向

投影面积

武汉航发金融创新基地总部大楼 / 中国建筑设计研究院
本土设计研究中心，在建

迎风面积比＝建筑在过渡季主导风向上的投影面积／建筑最大可能投影面积 ×100%

图 1-6
迎风面积比指标示意[1]
（资料来源：连璐根
据"地域气候适应型
绿色公共建筑设计新
方法与示范"（2017
YFC0702300）项目
组提供案例图片绘制）

塞比为各气候区居住区的建筑密度与居住区的平均迎风面积比的乘积[31]。此外，学者提出迎风面积指数[32][33]、迎风面积密度[34]等参数以描述特定风向下空间形态对空气流通的影响作用，并综合考虑建筑朝向对自然通风的影响，计算得出建筑最佳来流入射角[35]。基于以上研究综述，本章选取迎风面积比指标，描述形体与朝向对建筑通风的影响作用（图1-6）。

1.4.3 空间

（1）设置适宜缓冲空间，进行分区控制和人行为引导。

缓冲空间通常指在建筑内、外侧或内、外之间形成的气候缓冲层，其在一定程度上实现外部环境气候与内部建筑空间之间的缓冲过渡，在相关学者的研究中也有模糊性空间、过渡空间、中介空间、灰空间等不同侧重的名称和定义，通常可包括建筑门厅、走廊、中庭、天井、下沉庭院、露天平台、屋顶平台等。一方面，缓冲空间可以综合利用多种被动式设计策略进行调节，实现改善环境、节约能源的目标[36][37]，同时有效遮挡太阳辐射，控制室内温度，提供舒适的休闲场所[38]；另一方面，缓冲空间对功能布局和人的行为具有引导作用，进而可进行主动式设备的布局优化和运行调节，降低建

---

① 图 1-6 所示项目案例为武汉航发金融创新基地总部大楼。该项目紧邻曲线型景观绿化带与自然湖泊，顺应场地边界布局建筑体量，并结合模块间的错动获得良好的自然通风。

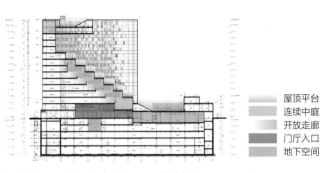

图 1-7
缓冲空间面积比指标
示意
（资料来源：连璐根
据"地域气候适应型
绿色公共建筑设计新
方法与示范"（2017
YFC0702300）项目
组提供案例图片绘制）

屋顶平台
连续中庭
开放走廊
门厅入口
地下空间

中国建筑设计
研究院创新科
研示范中心 /
中国建筑设计
研究院一合建
筑设计研究中
心，2018

缓冲空间面积比 = 缓冲空间面积 / 总建筑面积 ×100%
（注：缓冲空间包括建筑门厅、走廊、中庭、天井、下沉庭院、露天平台、屋顶平台等）

筑能耗，对于公共建筑节能尤其具有积极作用。基于上述研究综述，本章提出缓冲空间面积比指标，描述缓冲空间的设计对改善环境和降低能耗所发挥的作用（图1-7）。

（2）增加外区面积比，提升建筑被动调节潜力。

建筑主体使用空间的内区和外区区分与建筑能耗控制高度相关。公共建筑的室内空间性能通常依靠人工照明、机械通风甚至空调调节，而建筑周边的空间可以获得良好的自然采光、通风，因此《绿色建筑评价标准》GB/T 50378简化界定外区为距离建筑外围护结构5m范围内的区域，并对内区采光系数满足要求的面积比例作出要求。相似的研究还包括尼克·贝克（Nick Baker）与科恩·斯蒂莫斯（Koen Steemers）定义被动区为距离建筑外墙5.5m或室内空间净高2倍的进深区域，建筑中庭周边为室内空间净高1 ~ 1.5倍的进深区域[39]。基于以上研究综述，本章提出外区面积比指标来反映建筑采用被动节能技术的潜力。该比例越高，建筑与自然环境互动潜力越大，最大限度利用自然环境满足室内舒适度要求的可能性越大（图1-8）。

（3）增加空间透风度，改善建筑自然通风能力。

建筑内部自然通风方式分为风压通风、热压通风，多数情况下，两种通风方式共同作用。在模拟建筑内部自然通风状况时，建筑室内空间划分与隔墙常被忽略，大多

① 图 1-7 所示项目案例为中国建筑设计研究院创新科研示范中心。该项目除门厅、走廊、地下室等缓冲空间外，还设置了连续的半开敞式中庭，并利用体量错动形成的屋顶平台引导绿色健康生活。

外区面积比 = 外区建筑面积 / 总建筑面积 ×100%
（注：外区指距离建筑外围护结构 5m 范围内的区域）

江苏建筑职业技术学院图书馆 / 中国建筑设计研究院
崔愷工作室（现本土设计研究中心），2014

图 1-8
外区面积比指标示意 [1]
（资料来源：连璐根据"地域气候适应型绿色公共建筑设计新方法与示范"（2017 YFC0702300）项目组提供案例图片绘制）

海口市民游客中心 / 中国建筑设计研究院本土设计研究中心，2018

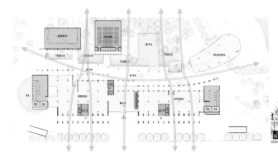

空间透风度 =（水平贯通空间体积 + 垂直贯通空间体积）/ 建筑总体积 ×100%
（注：水平贯通空间指进深 ≤ 14m 贯通空间，垂直贯通空间指层高 ≥ 3 层标准层高空间）

图 1-9
空间透风度指标示意 [2]
（资料来源：连璐根据"地域气候适应型绿色公共建筑设计新方法与示范"（2017 YFC0702300）项目组提供案例图片绘制）

数建筑能耗模拟软件缺乏通风计算模块，房间与外界及各房间之间的通风换气量只能根据经验进行估算。章宇峰提出多区域网络模型，将建筑内部各空间视为不同节点，从宏观上反映建筑内部空气流动特征[40]。一些学者研究中庭、天井等腔体通过热压效应对建筑内部自然通风状况的改善作用，发现通过合理设置腔体高宽比例等参数，可以获得良好的自然通风[41-44]。基于以上研究综述，本章提出空间透风度指标，从内部空间设计的角度观察其对建筑自然通风的改善（图1-9）。

---

① 图 1-8 所示项目案例为江苏建筑职业技术学院图书馆。该项目整体呈上大下小的形态，由下至上逐渐扩展，并设置多个中庭，最大限度利用自然环境满足室内舒适度要求。

② 图 1-9 所示项目案例为海口市民游客中心。该项目呈带状，向湖面开敞，结合内部错落、松散、开敞的空间布局，获得良好的自然通风。

1.4.4 界面

（1）控制窗墙面积比，调节不同地域气候下的建筑得热。

外窗与玻璃幕墙的太阳辐射得热对建筑能耗具有较大影响。简毅文等以上海地区的居住建筑为研究对象，研究分析不同朝向下窗墙面积比对建筑全年供暖能耗、全年空调能耗以及全年供暖、空调总能耗的影响规律，发现东（西）、北向窗墙比的加大会导致建筑全年供暖、空调总能耗增加，夏季采用外窗遮阳与有效夜间通风的条件下，南向窗墙面积比的加大有利于建筑全年供暖、空调总能耗的降低[45]；陈震等以南京地区的办公建筑为研究对象，研究分析常见窗型与不同建筑朝向的组合关系，根据节能50%的要求计算各朝向的窗墙面积比取值，发现当建筑处于正南向时合理的窗墙面积比取值最大，随着偏东或偏西角度的偏转取值越来越小[46]。基于上述研究综述，本章选取描述太阳辐射得热率的指标——窗墙面积比，综合考虑其对建筑得热的调节作用（图1-10）。

（2）控制外遮阳系数，调节不同地域气候下的建筑得热。

窗口外遮阳是改善建筑夏季室内热环境、降低空调能耗的一个重要措施，但太阳辐射对冬季室内热环境却非常有利，理想的遮阳形式及遮阳板构造尺寸应能同时满足冬、夏季不同时刻室内热环境对太阳辐射热的不同要求[47][48]。建筑遮阳计算是复杂的动态过程。任俊等通过建立计算模型，根据动态模拟软件的计算结果进行处理，得出简化的外遮阳系数与外遮阳设施对太阳辐射得热影响的关系，并验证其合理性[49]。基于以上研究综述，本章提出外遮阳系数指标，综合考虑各朝向遮阳对太阳辐射得热的影响（图1-11）。

（3）增加建筑可开启面积比，实现良好自然通风。

《绿色建筑评价标准》GB/T 50738对建筑的通风开口面积与外窗、玻璃幕墙的可开启与有效通风换气比例提出明确要求，以实现良好的通风效果。建筑的通风开口结合主导风向，借助风压与热压的双重作用，可以最大限度地将自然风引入建筑内部，影响建筑内部的风速及分布，充分利用自然通风减少空调使用时间，降低建筑能耗。基于以上研究综述，本章提出描述自然风引入效率的指标——可开启面积比，从界面设计的角度观察其对建筑自然通风的改善作用（图1-12）。

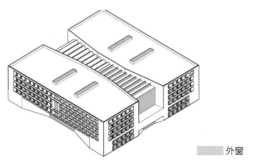

■ 外窗

东北大学浑南校区图书馆 / 中国建筑设计研究院崔愷
工作室（现本土设计研究中心），2019

窗墙面积比 = 外窗面积总和 / （建筑立面展开面积 + 建筑屋顶面积）×100%

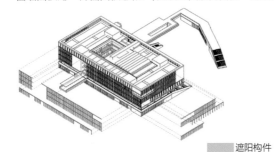

■ 遮阳构件

华南理工大学广州国际校区一期工程 C 地块 / 华南
理工大学建筑设计研究院第五工作室，2019

外遮阳系数 = 各立面遮阳构件在该立面上的投影面积之和 / 总立面面积 ×100%

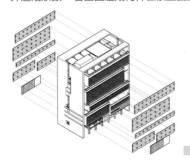

■ 外窗可开启部分

华南理工大学广州国际校区一期工程 C 地块 / 华南
理工大学建筑设计研究院第五工作室，2019

可开启面积比 = 外窗可开启部分面积 / 外窗总面积 ×100%

图 1-10
窗墙面积比指标示意
（资料来源：连璐根
据"地域气候适应型
绿色公共建筑设计新
方法与示范"（2017
YFC0702300）项目
组提供案例图片绘制）

图 1-11
外遮阳系数指标示意[2]
（资料来源：连璐根
据"地域气候适应型
绿色公共建筑设计新
方法与示范"（2017
YFC0702300）项目
组提供案例图片绘制）

图 1-12
可开启面积比指标示意
（资料来源：连璐根
据"地域气候适应型
绿色公共建筑设计新
方法与示范"（2017
YFC0702300）项目
组提供案例图片绘制）

① 图 1-10 所示项目案例为东北大学浑南校区图书馆。该项目位于辽宁省沈阳市，属严寒气候区，采用完整方正的体量，在满足自然采
光要求的前提下，控制各向窗墙面积比，减少冬季散热，并采用内收式窗台增大自然光入射量。

② 图 1-11 所示项目案例为华南理工大学广州国际校区一期工程 C 地块。该项目位于广东省广州市，属夏热冬暖气候区，采用局部架空、
遮阳百叶、屋顶花园、采光中庭、生态天井等方式改善自然通风与采光，营造舒适宜人的建筑环境。

　　建筑形体空间与地域气候以及建筑能耗之间的相关性分析，旨在从场地、形体、空间、界面的建筑设计维度上，充分考虑地域环境与气候条件，对于如京津冀、长三角、珠三角、东北等不同地域，建筑形体空间受地域环境与气候条件的影响和适应方式不同，对能耗产生的影响也不同。本章的机理研究，在结合当前中国绿色公共建筑数据库数据构建，以及开展形体空间和地域气候之间耦合的定量分析之后，对提出地域气候适应型绿色公共建筑设计新方法具有理论贡献与实践应用价值。

▎ 参考文献

[1] 中国建筑节能协会能耗统计专业委员会. 中国建筑能耗研究报告（2017）[R/OL].（2017-11-20）[2021-03-31].https://mp.weixin.qq.com/s/XpPPN5xwpJoaWW9G7FQ5sw.

[2] 崔愷. 我的绿色建筑观[EB/OL].（2016-04-27）[2021-03-31].https://mp.weixin.qq.com/s/ldIP4NGl6VU6BDVe6z3mxg.

[3] OLGYAY V. Bioclimatic Approach to Architectural Regionalism[M]. Princeton: Princeton University Press，1963.

[4] GIVONI B. Man，Climate and Architecture[M]. Amsterdam: Elsevier，1969.

[5] GIVONI B. Climate Consideration in Building and Urban Design[M]. New York: A Division of International Thomson Publishing Inc，1998.

[6] 宋晔皓. 结合自然整体设计：注重生态的建筑设计研究[M]. 北京：中国建筑工业出版社，2000.

[7] FATHY H. Natural Energy and Vernacular Architecture: Principles and Examples with Reference to Hot Arid Climates[M]. Chicago: University of Chicago Press，1986.

[8] 查尔斯·M. 科里亚，李孝美，杨淑蓉. 建筑形式遵循气候[J]. 世界建筑，1982（1）：54-58.

[9] 杨经文，单军. 绿色摩天楼的设计与规划[J]. 世界建筑，1999（2）：21-29.

[10] 聂梅生，秦佑国，江亿，等. 中国生态住宅技术评估手册[M]. 北京：中国建筑工业出版社，2001.

[11] 绿色奥运建筑研究课题组. 绿色奥运建筑评估体系[M]. 北京：中国建筑工业出版社，2003.

[12] 中华人民共和国建设部，中华人民共和国国家质量监督检验检疫总局. 绿色建筑评价标准：GB/T 50378—2006[S]. 北京：中国建筑工业出版社，2006.

[13] 中华人民共和国住房和城乡建设部. 绿色建筑评价标准：GB/T 50378—2014[S]. 北京：中国建筑工业出版社，2014.

[14] 中华人民共和国住房和城乡建设部，绿色建筑评价标准：GB/T 50378—2019[S]. 北京：中国建筑工业出版社，2019.

[15] 刘加平，谭良斌，何泉. 建筑创作中的节能设计[M]. 北京：中国建筑工业出版社，2009.

[16] 申绍杰. 城市热岛问题与城市设计[J]. 中外建筑，2003（5）：20-22.

[17] PONT M B, HAUPT P. Spacemate: The Spatial Logic of Urban Density[M]. Delft: Delft University Press, 2004.

[18] TSO C P, CHAN B K, HASHIM M A. An Improvement to the Basic Energy Balance Model for Urban Thermal Environment Analysis[J]. Energy and Buildings, 1990, 14(2): 143-153.

[19] GALLO K P. The Use of NOAA AVHRR Data for Assessment of the Urban Heat Island effect[J]. Journal of Applied Meteorology, 1993, 32(5): 899-908.

[20] 孟宪磊. 不透水面、植被、水体与城市热岛关系的多尺度研究[D]. 上海：华东师范大学，2010.

[21] 青木阳二. 視野の広がりと緑量感の関連[J]. 造園雑志，1987，51（1）：1-10.

[22] 折原夏志. 緑景観の評価に関する研究——良好な景観形成に向けた緑の評価手法に関する考察[J]. 調査研究期報，2006（142）：4-13.

[23] 夏春海. 面向建筑方案的节能设计方法研究[D]. 北京：清华大学，2008.

[24] 赵鹏，胡卫军. 关于建筑形体系数替代建筑体形系数的研究[J]. 四川建筑科学研究，2012，38（4）：297-300.

[25] UYTENHAAK R. Cities Full of Space: Qualities of Density[M]. Rotterdam: 010 Publishers, 2012.

[26] 邓巧明. 集约化高校校园空间形态与空间品质的关联性研究[D]. 广州：华南理工大学，2015.

[27] 张慧，张玉坤. 对住宅朝向的再认识[J]. 住宅科技，2002（7）：7-9.

[28] 胡达明，陈定艺，单平平，等. 夏热冬暖地区居住建筑朝向对能耗的影响分析[J]. 建筑节能，2017，45（5）：57-60.

[29] 李运江，李易斌，张辉. 基于采暖空调总能耗的武汉地区居住建筑建筑最佳朝向研究[J]. 南方建筑，2016（6）：114-116.

[30] 张涛. 城市中心区风环境与空间形态耦合研究——以南京新街口中心区为例[D]. 南京：东南大学，2015.

[31] 中华人民共和国住房和城乡建设部. 城市居住区热环境设计标准：JGJ 286—2013[S]. 北京：中国建筑工业出版社，2014.

[32] MAN S W, NICHOL J E, TO P H, WANG J. A Simple Method for Designation of Urban Ventilation Corridors and its Application to Urban Heat Island Analysis[J]. Building Environment, 2010, 45(8): 1880-1889.

[33] NG E, YUAN C, CHEN L, et al. Improving the Wind Environment in High-density Cities by Understanding Urban Morphology and Surface Roughness: A study in Hong Kong[J]. Landscape & Urban Planning, 2011, 101(1): 59-74.

[34] 任超, 吴恩融. 城市环境气候图——可持续城市规划辅助信息系统工具[M]. 北京: 中国建筑工业出版社, 2012.

[35] 陈璐璐, 王怡. 建筑朝向对自然通风的分析及确定[J]. 山西建筑, 2009, 35 (27): 30-31.

[36] 殷欢欢. 适应夏热冬冷地区气候的公共建筑过渡空间被动式设计策略[D]. 重庆: 重庆大学, 2010.

[37] 李珺杰. 中介空间的被动式调节作用研究[D]. 北京: 清华大学, 2015.

[38] 何元钊. 广州近代公共建筑的外廊热缓冲空间研究[D]. 广州: 华南理工大学, 2012.

[39] BAKER N, STEEMERS K. Energy and Environment in Architecture: A Technical Design Guide[M]. London: Spon Press, 1999.

[40] 章宇峰. 自然通风与建筑热模型耦合模拟研究[D]. 北京: 清华大学, 2004.

[41] 雷亮. 室内环境控制与建筑空间形态关系初探[D]. 北京: 清华大学, 2005.

[42] 李浩达. 基于室内自然通风效果的中庭空间设计研究[D]. 沈阳: 沈阳建筑大学, 2014.

[43] 李泉. 被动式绿色建筑的剖面设计研究[D]. 大连: 大连理工大学, 2016.

[44] 邓孟仁, 郭昊栩, 熊胜洋. 建筑腔体对室内风环境的影响及模拟分析[J]. 华南理工大学学报 (自然科学版), 2017, 45 (5): 74-81.

[45] 简毅文, 江亿. 窗墙比对住宅供暖空调总能耗的影响[J]. 暖通空调, 2006 (6): 1-5.

[46] 陈震, 何嘉鹏, 孙伟民. 夏热冬冷地区办公建筑不同朝向窗墙比配置研究[J]. 建筑科学, 2009, 25 (6): 80-85.

[47] 曹国庆, 涂光备, 杨斌. 水平遮阳方式在住宅建筑南窗遮阳应用上的探讨[J]. 太阳能学报, 2006 (1): 96-100.

[48] 简毅文, 王苏颖, 江亿. 水平和垂直遮阳方式对北京地区西窗和南窗遮阳效果的分析[J]. 西安建筑科技大学学报 (自然科学版), 2001 (3): 212-217.

[49] 任俊, 刘加平. 建筑能耗计算中外遮阳系数的研究[J]. 新型建筑材料, 2005 (4): 27-29.

第 2 章

关键机理探索：『场地-风适应』研究

针对城市风环境模拟研究如何加强对建筑师场地布局设计的定量分析支撑、如何更精细适应不同城市不同季节的地域气候等问题，通过构建16种典型城市建筑群平面布局模型矩阵，选择哈尔滨、北京、上海、深圳四座地域气候区城市，提出以过渡季–夏季逐时风况替代主导风向作为输入条件，来开展场地建筑群风环境模拟，得到不同城市、不同平面布局下的场地平均非静风区面积比和建筑平均窗口风压达标比数据。进而通过分析发现建筑群平面布局与场地风环境性能的相关性规律，结论包括建筑群平面离散度对通风性能影响明显、不同的平面离散方式具有不同的性能改变效果，且风场越弱的城市中建筑群平面布局对场地通风性能的影响越大；密集大城市的建筑群朝向变化及季节性风向变化对场地通风性能影响不明显。

2.1 国内外研究趋势综述与本研究定位

良好的场地建筑群通风可以减缓热岛效应、促进污染物的扩散、改善场地人行区空气品质、提升人体舒适度、增加建筑室内自然通风的潜力，进而增进人与自然的融入感。如何通过建筑的形体空间设计手段而非技术设备手段改善场地建筑群通风是值得研究的领域。崔愷院士指出，绿色建筑的研究除了在技术手段或绿色建筑评定的层面开展之外，不能忽略与建筑设计方法的结合[1]；江亿院士指出，探索实现中国建筑节能的重要途径之一为建筑形式的研究[2]；刘加平院士指出，在整个节能建筑的设计中担负主要责任的是建筑师[3]。

近年来，空间形体设计在绿色建筑中的作用越来越受到重视，其中场地布局在绿色公共建筑的设计流程中具有重要地位①。设计师在布局阶段可以通过调整建筑高低错落程度、平面离散程度和建筑朝向等影响场地建筑群通风性能。

---

① 崔愷院士在其主持的"十三五"国家重点研发计划项目"地域气候适应型绿色公共建筑设计新方法与示范"（2017YFC0702300）中提出，绿色公共建筑设计的基本流程可以分为场地、布局、形态、空间、界面、功能、选材、技术、施工、调试、测试 11 个环节。

本章从建筑师的角度出发，借助基于CFD的通风模拟软件，对不同平面布局的公共建筑原型进行场地建筑群通风性能的定量模拟和比较分析，试图得到公共建筑的场地建筑群通风性能与平面布局之间的相关性；本章筛选哈尔滨、北京、上海、深圳四座城市风场的过渡季及夏季逐时风况以求尽量接近其真实风场，对修正以往过于依赖主导风向对建筑布局的指导、修订现有绿色模拟软件的风评价指标、研发即时反馈场地建筑群通风效果的评价软件具有重要理论与实践应用价值。

2.1.1　场地通风与建筑群形体空间设计的相关研究

以往对建筑通风的研究多从暖通空调专业的视角出发，将常规的建筑形体作为相对固定的初始条件，而主要关注不同设备选型与工况下的效果。例如，我国现行《绿色建筑评价标准》GB/T 50378—2019中对通风的相关要求为，针对通风空调系统风机能效进行评价[4]23；我国的江亿院士[5]、德国的费什（M. N. Fisch）教授[6]等学者也多是对暖通空调装置进行了深入研究。以上成果对绿色建筑的发展起到了巨大推动作用，但建筑师通过形体空间设计改善通风性能的研究还十分有限。

当下有关影响场地通风的建筑群布局研究多为定性描述，或按建筑组合方式进行类型化归纳。如我国台湾地区林宪德教授指出，建筑物应前后错列排开、围合式建筑应加大中庭尺度或加大组团之间距离[7]；邓巧明将建筑群体布局类型归纳为点状、条状、围合式、天井式，分析其优劣点并提出应用建议[8]等。以上研究中的形体描述侧重于对建筑实例或类型的定性归纳，而普遍对建筑形体"工况"的精细化设置及量化研究不足。

2.1.2　场地通风评价的地域气候适应性研究

现行建筑规范中对场地通风的相关描述较为笼统。如《民用建筑热工设计规范》GB 50176—2016中规定，"建筑宜朝向夏季、过渡季节主导风向"，"条形建筑朝向与主导风向的夹角不宜大于30°，点式建筑宜在30°～60°"，"建筑之间不宜相互遮挡，在主导风向上游的建筑底层宜架空"[9]；并且对不同城市的地域气候适应性差异关注不足，如北京等内陆城市在过渡季–夏季无主导风向，而深圳等沿海城市存在明显过渡季–夏季主导风向。

我国现行评价及相关模拟软件过于依赖主导风向，对采用逐时风气象参数模拟建筑自然通风的研究尚处于起步阶段。在国内外相关研究中主要使用的几款通风模拟软件（如PKPM-CFD、DeST、Energyplus等）的初始风况设置中，均为选取全年、某季度、某月份或者某典型日的主导风向。但无论采用何种主导风向，在逻辑上均难以准确代表各地多变的风场，也难以准确评价长时段的场地通风性能。因此，郭雷、刘加平院士通过将西安的各季节逐时风数据按16个方向结合风频、风速统计，处理得到各季节综合平均风速，以此作为模拟初始条件得出了不同于基于主导风向的模拟结果[10]；刘思梦采用IESVE软件中的Macro Flo模块，调用Energyplus气象数据库中的逐时风数据进行模拟[11]，但由于其运算算法为区域网格法而非CFD模拟，在应用上受限制较大。

2.1.3 本研究定位

针对以上问题，本章探索在一定场地面积、总建筑面积、建筑高度的条件下，按朝向、进深的不同将模型均质变化为16种平面布局模式，并提出平面离散度指标，对形体空间的描述更细致，更有助于探索影响场地建筑群通风性能的形体变化规律；本章选取代表我国四个典型地域气候区的哈尔滨、北京、上海、深圳四座城市的过渡季及夏季逐时风况进行筛选、归纳并模拟，更接近真实风场，以此观察场地通风的不同地域气候适应性。

2.2 场地布局建模设计与风环境模拟评价的参数选择

2.2.1 建筑师视角下的场地建筑群模型设计

基于对近年来建筑师参与较多的绿色公共建筑项目的调研，在以下较为典型的街区尺度、容积率、建筑密度、平均层数等控制条件下，搭建同一建筑体块在不同维度上均匀离散、朝向变化而成的16种不同平面布局模型[1]，进而通过风环境模拟来观察平面布局渐变与通风效果变化二者之间的耦合关联规律。

控制场地指标为：轮廓为150m见方的正方形街区[2][12]，建筑密度为25%[3][13]，容积率为1.25。

控制建筑高度为：总高24m[4][14]，共5层，其中首层4.8m，二至五层4.2m。

控制建筑形态为：典型的集中式、散点式、双廊和单廊行列式建筑体量。

控制立面开窗为：窗台高1.2m、窗高2.1m的水平长窗[5][15]。

为便于不同布局形态的定量描述及后期规律观察，本章对公共建筑中较典型的集中式、散点式、双廊和单廊行列式建筑进行筛选，最后选取如图2-1所示9个项目的平面布局作为原型，加以方向转动，形成最后的16个模型，整体分布从左到右呈朝向对称、从上到下呈形体离散；其中，左上、右下两边的两组模型沿南北向不断离散，右上、左下两边的两组模型沿东西向不断离散；纵向中轴上的四个模型无方向性地均质离散开，横向中轴上的四个模型朝向间差45°。

---

① 本研究聚焦于平面布局离散和朝向渐变的影响规律，因此暂未列入 L 形、U 形或围合型等易形成涡旋风的布局方式。这些布局方式虽可通过底层架空、庭院扩大等手法改善场地建筑群通风效果，但总体属于更为不利和更为复杂的变化，可作为本研究的后续作进一步讨论。

② 根据《城市综合交通体系规划标准》GB/T 51328—2018 中第 41 页表 12.6.3 中不同功能区的街区尺度推荐值，采用公共建筑所处的商业区与就业集中的中心区尺度中值。

③ 对建筑密度的指标控制通常出现在各地方标准中，以北京市试行的《北京地区建设工程规划设计通则》（2012 修编版）中第 114 页"第三节 建筑密度（空地率）与人口密度"中有关空地率的指标要求，"中心城区空地率控制指标为：大专院校 75%，行政办公 60%，商务办公 50%"，本章选取 25% 的建筑密度，符合不同建筑类别的密度控制指标。

④ 本章选取多层公共建筑常用的 24m 为模型高度，基于《民用建筑设计统一标准》GB 50352—2019 中第 6 页"3.1 民用建筑分类"中定义："除住宅外的民用建筑不大于 24m 者为单层或多层建筑，大于 24m 者为高层建筑"。

⑤ 本章模型开窗为 2.1m 高的水平长窗，窗墙面积比为 0.5，根据《公共建筑节能设计标准》GB 50189—2015 中第 78 页 3.3.2 节有关窗墙面积比的规定，"严寒地区立面窗墙面积比不宜超过 0.6，其他地区不宜超过 0.7"，符合标准。

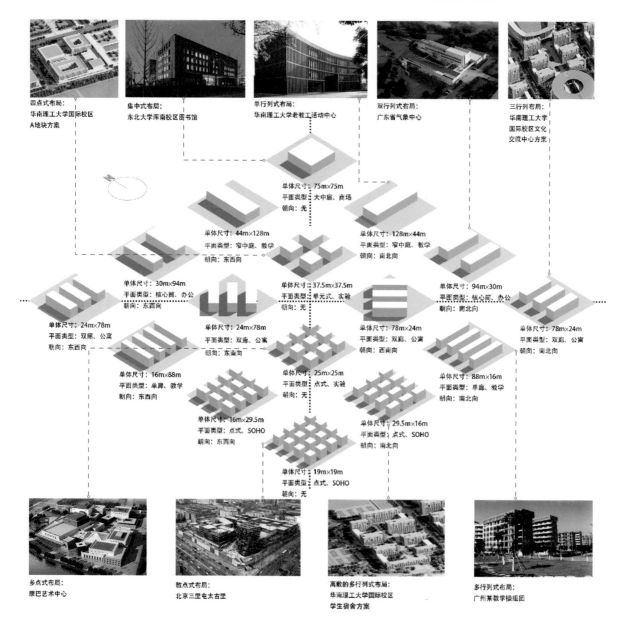

四点式布局：
华南理工大学国际校区
A地块方案

集中式布局：
东北大学浑南校区图书馆

单行列式布局：
华南理工大学老教工活动中心

双行列式布局：
广东省气象中心

三行列布局：
华南理工大学
国际校区文化
交流中心方案

单体尺寸：75m×75m
平面类型：大中庭、商场
朝向：无

单体尺寸：44m×128m
平面类型：窄中庭、教学
朝向：东西向

单体尺寸：128m×44m
平面类型：窄中庭、教学
朝向：南北向

单体尺寸：30m×94m
平面类型：核心筒、办公
朝向：东西向

单体尺寸：37.5m×37.5m
平面类型：单元式、实验
朝向：无

单体尺寸：94m×30m
平面类型：核心筒、办公
朝向：南北向

单体尺寸：24m×78m
平面类型：双廊、公寓
朝向：东西向

单体尺寸：24m×78m
平面类型：双廊、公寓
朝向：东南向

单体尺寸：78m×24m
平面类型：双廊、公寓
朝向：西南向

单体尺寸：78m×24m
平面类型：双廊、公寓
朝向：南北向

单体尺寸：16m×88m
平面类型：单廊、教学
朝向：东西向

单体尺寸：25m×25m
平面类型：点式、实验
朝向：无

单体尺寸：88m×16m
平面类型：单廊、教学
朝向：南北向

单体尺寸：16m×29.5m
平面类型：点式、SOHO
朝向：东西向

单体尺寸：29.5m×16m
平面类型：点式、SOHO
朝向：南北向

单体尺寸：19m×19m
平面类型：点式、SOHO
朝向：无

多点式布局：
康巴艺术中心

散点式布局：
北京三里屯太古里

离散的多行列式布局：
华南理工大学国际校区
学生宿舍方案

多行列式布局：
广州某教学楼组团

图 2-1　不同平面布局模型的矩阵示意
（资料来源：宋修教根据"地域气候适应型绿色公共建筑设计新方法与示范"（2017YFC0702300）项目组所提供案例绘制）

2.2.2 过渡季-夏季逐时风况筛选及统计

如前文所述在场地通风模拟中，"主导风向"的概念并不能准确表征城市风况。因此，尝试排除冬季室内自然通风减少、室外场地活动减少的时段，仅选择自然通风发挥重要作用的过渡季-夏季时段，筛选其"逐时风况"作为模拟输入条件。以哈尔滨、北京、上海、深圳四座城市为例，依据《中国建筑热环境分析专用气象数据集》[16]中的城市气象数据，采用候温法①分别筛选四座城市的过渡季-夏季逐时风况，可以得到四座城市的过渡季-夏季风玫瑰图。

以北京为例，北京的过渡季-夏季起止日期为4月2日～10月28日，共210天，统计其逐时②风向可得到其风频玫瑰图（图2-2）。可以看到，与以往所惯用的全年风玫瑰图相比，过渡季-夏季风玫瑰图趋势相似，但西北向、东北向风频减少更明显；且与各"主导"风向相比，过渡季-夏季风场较为复杂，西南向、东南向、东北向均占比较多，

图 2-2 北京市"过渡季-夏季风玫瑰图"与"全年风玫瑰图"及各常用"主导"风向的差别示意
（资料来源：宋修教根据文献 [16] 中各城市典型气象年逐时风数据筛选、统计绘制）

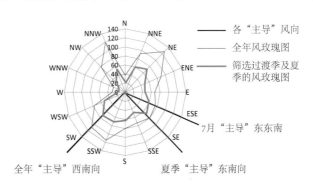

① 候温法是一种分季方法，以候（每五天为一候）平均气温稳定降低到 10℃以下作为冬季开始，稳定上升到 22℃以上作为夏季开始；候平均气温从 10℃以下稳定上升到 10℃以上时，作为春季开始；从 22℃以上稳定下降到 22℃以下时，作为秋季开始。

② 本书选用的风数据来源于 2005 年由中国气象局气象信息中心气象资料室出版的《中国建筑热环境分析专用气象数据集》，其源数据来自全国 270 个国家地面气象观测站 1971～2003 年的观测数据，但 270 个台站的观测数据情况参差不齐，数据记录时次、记录变更的起止时间等都存在差异，当中进行一日 24 次定时观测的台站只有 134 个，还有 136 个台站只有一日 4 次（1:00-7:00-13:00-19:00）、日极值、日总量的观测数据。

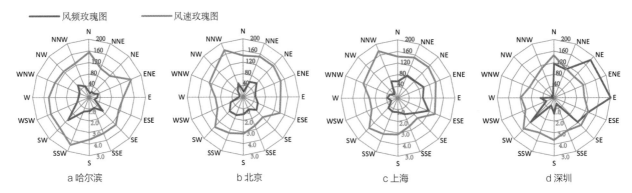

图 2-3　四座城市风玫瑰图
（资料来源：宋修教根据文献 [16] 中各城市典型气象年逐时风数据筛选、统计绘制）

单一的"主导"风向并不能表示风场的复杂性。依照主导风向的定义[①][17]，连续45°方向范围内出现最大风频的西南-南风向角风频之和为23.2%，小于要求的30%，因此北京过渡季及夏季无主导风向。

依据上述方法，也可筛选得到哈尔滨、上海、深圳的过渡季-夏季风频玫瑰图（图2-3）。统计可得，哈尔滨过渡季-夏季为4月22日～10月22日，共184天，有主导风向（西南向），但不明显（29.9%）；上海过渡季-夏季为3月25日～11月27日，共248天，有主导风向（东向），但不明显（29.5%）；深圳全年皆为过渡季-夏季，有明显主导风向（东-东北向）（37.9%）。

2.2.3　风环境模拟条件设置及指标评价

在算法及软件选取上，选用绿色建筑风环境模拟分析软件PKPM-CFD的室外风模块

---

① 根据《环境影响评价技术导则　大气环境》HJ 2.2—2018，主导风向是指风频最大的风向角的范围。风向角范围一般在连续 45° 左右，对于以 16 方位表示的风向，主导风向一般是指连续 2 或 3 个风向角的范围。某区域的主导风向应有明显的优势，其主导风向角风频之和应 ≥ 30%，否则可称该区域没有主导风向或主导风向不明显。[18]

进行模拟实验。

　　在模拟条件设置上，根据《民用绿色建筑性能计算标准》JGJ/T 449—2018[19]，选取地表粗糙度为"有密集建筑的大城市市区"0.22；在此基础上进一步将建模范围从150m见方的场地，往东、西、南、北、东北、东南、西南、西北8个方位各扩大复制一个相同场地的范围，即450m×450m，以超过标准所要求的"场地周边1H～2H（H为高度）范围内"；计算域设置为流入端距离模拟边界450m，流出端距离模拟范围900m，满足标准要求的"流入端距离5H，流出端距离10H"；最小网格尺寸为1m，背景网格尺寸为5m，过渡比例为1.2，于模型元素密集处自动加密，得到总网格数15万～50万，满足规范要求的"形状规整的建筑网格过渡比不宜大于1.3"；网格设定过小会延长计算时间，网格设定过大则不够精确，因而设定收敛精度为0.0001，迭代步数为500次，计算达到收敛即停止，在保证精确度的同时控制模拟时间在可接受范围内。在此精确度下，同一项目多次重复实验，误差接近0。

　　在评价指标上，参考《绿色建筑评价标准》GB/T 50378—2019中对过渡季及夏季场地通风的相关要求为"场地内不出现涡旋或者无风区，得3分"，"50%以上可开启外窗室内外表面的风压差大于0.5Pa，得2分"[4]31，取场地的非静风区面积比（以下简称"非静比"）和建筑群可开启扇窗口风压差比（以下简称"窗压比"）两个评价指标进行定量分析，分别表征不同建筑群平面布局的场地通风能力、建筑群立面风压差的优劣，并将二者综合评价，观察场地建筑群的通风性能。其中，有关"静风"的定义，本章采用"风速小于0.3m/s为静风区"这一标准[1][20][21]；关于窗口风压达标的判定，以"窗口内外表面风压差大于0.5Pa"为合格[4]31。

---

① 我国多数工程应用的模拟软件以 0.1m/s 为划定静风区的标准，参照的是《热带气旋等级》GB/T 19201—2006 附表中所规定的"风速小于 0.1m/s 为静风区"，这一标准为针对大气状态的严格定义，对于建筑场地的人体舒适感、城市污染物扩散而言，该标准相对较低。而香港中文大学的吴恩荣教授基于"蒲福风级"的划分标准研究了人行高度的热舒适阈值，采用风速小于 0.3m/s 为静风区这一标准。

2.3 场地-风适应的模拟结果与数据分析

将16种场地建筑群布局模型分别在四座城市、16个风向的平均风速下模拟，得到1024次模拟结果。在此基础上加权平均计算每一种布局模型的"平均非静风区面积比"与"平均可开启扇窗口风压差达标比"，加权系数为各向风频比例，其计算公式如下：

平均非静比=N向非静比×N向风频比例+NNE向非静比×NNE向风频比例+…+NNW向非静比×NNW向风频比例。　　　　　　　　　　　　　　（2-1）

平均窗压比=N向窗压比×N向风频比例+NNE向窗压比×NNE向风频比例+…+NNW向窗压比×NNW向风频比例。　　　　　　　　　　　　　　（2-2）

最终将以上模拟计算结果汇总，如表2-1所示。

2.3.1 逐时风模拟与主导风模拟的结果对比

以往的通风模拟采用主导风，本研究采用逐时风模拟，为验证其合理性，筛选表2-1中D1、C4、A4（分别代表集中式、多行列式、散点式）深圳（四座城市中主导风向最明显）的主导风、逐时风模拟结果，如表2-2所示。可看到两组结果的非静比、窗压比均差异较大，采用逐时风模拟可有效减少误差。

一次逐时风模拟为16个方向的平均风速模拟结果按各向风频加权求得，为16次稳态模拟，但软件可一次性输入16个工况进行运算，节省了一定统计、操作时间，耗时约为一次主导风模拟的10倍。

本研究为单要素变量观察，不能为了追求模拟速度而简单采用主导风替代更接近真实风场的逐时风。

哈尔滨、北京、上海、深圳不同建筑群平面布局下的平均非静风区面积比、平均可开启扇窗口风压差达标比表　表2-1

	A				B				C				D			
1																
城市	哈尔滨	北京	上海	深圳	哈尔滨	北京	上海	深圳	哈尔滨	北京	上海	深圳	哈尔滨	北京	上海	深圳
非静比(%)	92.6	81.3	93.8	87.4	94.3	85.3	95.8	89.9	91.3	82.9	91.5	82.8	94.2	85.0	95.5	89.5
窗压比(%)	90.3	76.1	90.7	83.4	86.5	69.7	85.3	75.8	87.5	61.8	85.1	81.4	87.9	74.4	89	82.9
2																
城市	哈尔滨	北京	上海	深圳	哈尔滨	北京	上海	深圳	哈尔滨	北京	上海	深圳	哈尔滨	北京	上海	深圳
非静比(%)	92.7	82.4	93.9	87.8	88.2	75.7	89.4	83.0	89.9	77.7	91.1	84.7	92.0	82.3	92.7	87.3
窗压比(%)	94.5	83.2	96	90.1	88.1	76.3	88.3	82.5	86	71.7	87.4	80.3	87.6	57.8	84.9	75
3																
城市	哈尔滨	北京	上海	深圳	哈尔滨	北京	上海	深圳	哈尔滨	北京	上海	深圳	哈尔滨	北京	上海	深圳
非静比(%)	88.4	77.2	89.5	82.4	83.5	67.2	82.1	74.6	88.1	75.9	89.7	82.8	94.3	85.4	96	90.2
窗压比(%)	94.7	86.9	96.5	90.9	91.9	81.6	93.1	86.9	88.3	75.2	89.1	81.8	86.6	62.1	86	79.9
4																
城市	哈尔滨	北京	上海	深圳	哈尔滨	北京	上海	深圳	哈尔滨	北京	上海	深圳	哈尔滨	北京	上海	深圳
非静比(%)	68	51.1	66.4	59	88.4	71.6	89.8	83.8	92.7	83	94	87.9	92.7	81.4	93.4	86.8
窗压比(%)	94	85.6	95.7	90	94.8	80.8	96.6	91.1	94.6	85.8	96.3	90.8	90.3	77.7	91.2	85.5

（资料来源：宋修教绘制）

深圳的过渡季-夏季主导风模拟与逐时风模拟结果比对表　　　表2-2

形态选取		集中式	多行列式	散点式
过渡季-夏季逐时风模拟	非静比（%）	89.5	87.9	59
	窗压达标比（%）	82.9	90.8	90
	模拟耗时（h）	1.5	2	2.5
过渡季-夏季主导风模拟	非静比（%）	98.9	95.7	62.5
	窗压达标比（%）	83.7	99.6	98.9
	模拟耗时（min）	7	10	12

（资料来源：宋修教绘制）

2.3.2 平面布局离散度对场地建筑群通风性能的影响

（1）从"集中布局"离散为"散点布局"时，非静比下降明显，窗压比有所提高。

分析建筑群由集中布局均质离散为散点布局（D1-C2-B3-A4）的变化，如图2-4所示，可发现非静比的数据大幅度下降，极差分别为哈尔滨26.2%、北京33.9%、上海29.1%、深圳30.5%；而窗压比的数据均有一定程度增加（除D1项跳动），极差分别为哈尔滨8%、北京13.9%、上海8.3%、深圳9.7%。这表明，建筑群平面均质离散时，场地通风能力大幅度下降，但建筑群单体通风能力得到一定程度提高。

因此，在过渡季-夏季室外场地行为活动较多的情况下，宜选择集中布局；当以建筑室内的行为活动为主时，则宜选择分散布局。

（2）从"单行列布局"离散为"多行列布局"时，非静比变化不明显，窗压比提高。

　　分析建筑群从单行列布局离散为多行列布局（D1-D2-D3-D4-C4）的变化，如图2-5所示，可发现非静比的数据在小范围（4%）内波动，无明显变化；而窗压比的数据均有一定程度增加（极少项跳动），极差分别为哈尔滨8%、北京23.7%、上海10.3%、深圳10.9%。这表明，建筑群由整块布局离散为多条布局时，场地通风能力几乎不受影响，但建筑群单体通风能力得到一定程度提高。

　　另外，对比分析建筑群平面布局在南北向、东西向两个方向上的行列离散，发现D1-D2-D3-D4-C4与D1-C1-B1-A1-A2这两组布局的非静比和窗压比的变化情况基本呈现

图 2-4
从集中布局离散为散点
布局的变化折线图
（资料来源：宋修教
绘制）

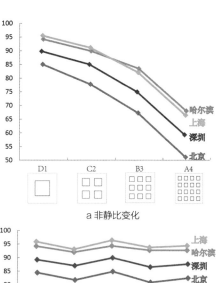
a 非静比变化

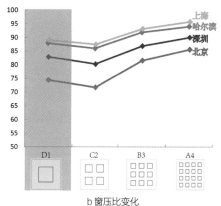
b 窗压比变化

图 2-5
从单行列布局离散为多
行列布局的变化折线图
（资料来源：宋修教
绘制）

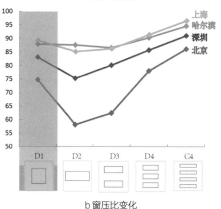
a 非静比变化　　　　　　　　　　b 窗压比变化

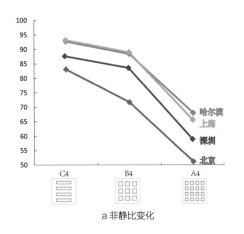

a 非静比变化

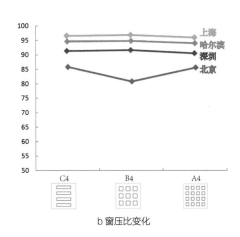

b 窗压比变化

图 2-6
建筑群由行列布局离散
为散点布局的变化折
线图
（资料来源：宋修教
绘制）

出对称性一致，表明上述规律受行列朝向的影响不明显。

因此，在平衡建筑群布局集中或分散的过程中，多行列的分散布局是较适宜的选择，既能保持良好的场地风环境，又能增加建筑单体的通风潜力。

（3）从"多行列布局"离散为"散点布局"时，非静比下降，窗压比变化不明显。

分析建筑群由多行列布局离散为散点布局（C4-B4-A4）的变化，如图2-6所示，可发现非静比的数据大幅度下降，极差分别为哈尔滨24.7%、北京31.9%、上海27.6%、深圳28.9%；而窗压比的数据均在5%以内小范围波动，无明显变化。这表明，建筑群由多行列布局离散为散点布局时，场地通风能力大幅度下降，建筑群窗压比基本不受影响。

另外，对比分析建筑群在南北向、东西向两个方向上的散点离散，发现C4-B4-A4和A2-A3-A4为这两组的非静比和窗压比的变化情况基本呈现出对称性一致。这表明上述规律受行列朝向影响不明显。

因此，与多行列布局相比，散点式布局的单体通风能力改善不明显，但是场地静风区明显增加，不宜作为改善通风的布局选择。

2.3.3 朝向及风向变化对场地建筑群通风性能的影响

绘制哈尔滨、北京、上海、深圳四座城市16种场地建筑群平面布局的非静比、窗压比色阶图（图2-7），可发现：①在非静比的左列图中，整体分布呈现为从右上角往左下角由绿色逐渐变红色，而在窗压比的右列图中，整体分布呈现从右上角往左下角由红色变为绿色；②整个矩阵的数值沿着右上至左下斜线呈现对称性分布。这表明在有密集建筑的大城市市区，同一平面布局变换其南北朝向和东西朝向，场地建筑群的通风性能变化不明显。

另外，如图2-3所示，四座城市的城市风向风玫瑰图表现差异巨大，但各城市均表现出上述两条规律，表现高度一致。这表明在有密集建筑的大城市市区，场地建筑群通风性能与城市风向的关联表现不明显。

综上可得，在密集大城市市区，建筑群朝向的变化对场地建筑群通风性能的影响不明显。这可能与城区较粗糙、复杂的下垫面特征有关。不过该结论不适用于位于郊野或临近开放公园水域的城市建筑群。

92.6	94.3	91.3	94.2
92.7	88.2	89.9	92
88.4	83.5	88.1	94.3
68	88.4	92.7	92.7

a 哈尔滨非静比

90.3	86.5	87.5	87.9
94.5	88.1	86	87.6
94.7	91.9	88.3	86.6
94	94.8	94.6	90.3

b 哈尔滨窗压比

81.3	85.3	82.9	85
82.4	75.7	77.7	82.3
77.2	67.2	75.9	85.4
51.1	71.6	83	81.4

c 北京非静比

76.1	69.7	61.8	74.4
83.2	76.3	71.7	57.8
86.9	81.6	75.2	62.1
85.6	80.8	85.8	77.7

d 北京窗压比

93.8	95.8	91.5	95.5
93.9	89.4	91.1	92.7
89.5	82.1	89.7	96
66.4	89.8	94	93.4

e 上海非静比

90.7	85.3	85.1	89
96	88.3	87.4	84.9
96.5	93.1	89.1	86
95.7	96.6	96.3	91.2

f 上海窗压比

87.4	89.9	82.8	89.5
87.8	83	84.7	87.3
82.4	74.6	82.8	90.2
59	83.8	87.9	86.8

g 深圳非静比

83.4	75.8	81.4	82.9
90.1	82.5	80.3	75
90.9	86.9	81.8	79.9
90	91.1	90.8	85.5

h 深圳窗压比

（注：红色表示达标率低，绿色表示达标率高）

图 2-7 四座城市16种场地建筑群平面布局的非静比、窗压比数据色阶图
（资料来源：宋修教绘制）

2.3.4 城市风场强弱对离散度改善通风性能的影响

不同城市过渡季及夏季风场下场地建筑群通风结果　　　　　表2-3

		北京	深圳	上海	哈尔滨
城市过渡季及夏季风场	时长	210天	全年	248天	184天
	主导风向	西南南，23.2%（无主导）	东东北，37.9%（主导明显）	东，29.5%（主导不明显）	西南，29.9%（主导不明显）
	平均风速[①]（m/s）	2.2	2.8	3.3	3.3
不同平面布局的非静比	均值（%）	77.8	83.7	90.3	89.5
	高值（%）	85.4（D3）	90.2（D3）	96.0（D3）	94.3（D3）
	低值（%）	51.1（A4）	59.0（A4）	66.4（A4）	68.0（A4）
	极差（%）	34.3	31.2	29.6	26.3
不同平面布局的窗压比	均值（%）	75.4	84.3	90.7	90.2
	高值（%）	86.9（A3）	91.1（B4）	96.6（B4）	94.8（B4）
	低值（%）	57.8（D2）	75.0（D2）	84.9（D2）	86.0（C2）
	极差（%）	29.1	16.1	11.7	8.8

（资料来源：宋修教绘制）

　　依次比对北京、深圳、上海、哈尔滨四座城市的模拟结果，综合分析16种平面布局的非静比与窗压比的均值和极差，可观察风场强弱对场地建筑群通风性能的影响（表2-3）。可看到，随着城市风场的平均风速增加，平均非静比由77.8%增加到90.3%，平均窗压达标比由75.4%上升到90.7%。这一趋势与常规认知相符：平均风速变大，风场变强，场地建筑群通风效果变好。

　　如图2-8，依次比对四座城市的非静比极差和窗压比极差，还可以看到，随着城市平均风速增加，不同平面布局的非静比极差由34.3%下降到26.3%，窗压比极差由29.1%

---

① 平均风速为各向平均风速以各向风频占比为权重得到的加权平均值。

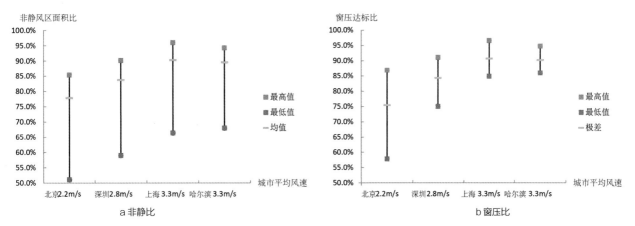

图 2-8　场地非静风区面积比、可开启扇窗口风压差达标比随城市风场强弱变化均方差图
（资料来源：宋修教绘制）

下降到8.8%。这表明，风场越强的城市，如哈尔滨，离散度变化的影响越小；反之，风场越弱的城市，如北京，离散度变化的影响越大。

在外界风场风速不理想的城市，平面布局的优化将对通风改善更加重要。

2.4 场地–风适应机理的结论与设计策略

综上所述，通过构建16种典型平面布局的建筑群模型，对其在哈尔滨、北京、上海、深圳四座城市的过渡季–夏季逐时风况下进行风环境模拟，得出了场地建筑群通风性能随平面离散变化、随朝向变化、随城市风场变化的规律，可为建筑师的场地布局设计工作提供定量的决策支撑。

基于结论2.3.4和结论2.3.2（2），北京的城市风场较弱，平面布局的离散度对场地建筑群通风性能影响较大，采用"多行列布局"的离散排布最为有利，且对场地通风和建筑群风压差改善均较明显。例如，中国建筑设计研究院有限公司设计的北京副中心行政大楼（图2-9），建筑群布局总体呈多条式分布，加以形体错动变化，形成最终形态，在体现政府建筑庄严肃穆的气质、高效满足行政功能需求的同时，营造了良好的场地通风环境，较大的建筑群立面风压差也保证了建筑室内自然通风的效果；而其另一作品——雄安市民中心（图2-10），位置临近北京，风场与北京接近，其采用装配式设计、建造，将建筑抬离地面使二者轻接触，解放了地面空间，同时沿场地长轴方向并排展开的多条体量带来良好的场地建筑群自然通风。

　　基于结论2.3.2（1），"集中式布局"有利于过渡季-夏季室外活动的进行，但不利于室内自然通风，位于哈尔滨的华润·万象汇（图2-11）采用集中式布局，在保证冬季防寒的前提下，其过渡季-夏季的场地通风效果优良，有利于建筑首层向外开敞的商铺及消费者获得良好的自然通风，虽然其窗压达标比有所不足。

　　基于结论2.3.2（3），"散点式布局"有利于单体建筑室内通风的改善，但不利于场地通风，中国联通西安数据中心（图2-12）在布局上延续了周边城市肌理，总体呈散点式布局，窗口风压差较大，建筑内部的办公人员可获得较好的室内自然通风，办公舒适度明显提升，虽对其场地通风改善不明显，但其场地大部分为地面停车位或人流快速通过的交通空间，对自然通风的需求不高。

图2-9　北京副中心行政大楼效果图　　　　图2-10　雄安市民中心鸟瞰照片

（资料来源：由国家重点研发计划（2017YFC0702300）项目组提供）

图 2-11 哈尔滨华润·万象汇鸟瞰效果图　　　图 2-12 中国联通西安数据中心效果图

（资料来源：由国家重点研发计划（2017YFC0702300）项目组提供）

综上所述，本章通过软件模拟的方式得到以下基本设计导则。

（1）平面布局的离散度对场地建筑群通风性能影响明显。在过渡季-夏季室外场地行为活动较多，但对室内自然通风需求不高的情况下，宜选择集中布局；当以建筑室内的行为活动为主时，则宜选择分散布局；在室内外自然通风并重的情况下，宜选择多行列的分散布局。

（2）在密集大城市市区，建筑群朝向的变化对场地建筑群通风性能的影响不明显。

（3）在外界风场风速不理想的城市，平面布局的优化将对通风改善发挥更加重要的作用。

当然本研究仅是锁定其他条件下的平面布局单变量分析研究，关于不同高度变化下建筑群形态设计与通风的相关性规律研究，以及场地布局与冬季防风、太阳辐射得热等其他地域气候要素的相关性规律研究，还有待进一步深入研究探索。

▌参考文献

[1] 崔愷. 我的绿色建筑观[EB/OL]. (2016-12-21)[2021-02-13]. http://www.360doc.com/ content/16/1221/17/30514273_616589846. shtml.

[2] 江亿. 我国建筑节能战略研究[J]. 中国工程科学, 2011 (6): 30-38.

[3] 刘加平, 谭良斌, 何泉. 建筑创作中的节能设计[M]. 北京: 中国建筑工业出版社, 2009.

[4] 中华人民共和国住房和城乡建设部. 绿色建筑评价标准: GB/T 50378—2019[S]. 北京: 中国建筑工业出版社, 2019.

[5] 江亿. 我国建筑耗能状况及有效的节能途径[J]. 暖通空调, 2005, 35 (5): 64.

[6] 费什, 威尔肯. 产能: 建筑和街区作为可再生能量来源[M]. 祝泮瑜, 译. 北京: 清华大学出版社, 2015.

[7] 林宪德. 热湿气候的绿色建筑设计画: 由生态建筑到地球环保[M]. 台北: 詹式书局, 1996: 103.

[8] 邓巧明. 集约化高校校园空间形态与空间品质的关联性研究[D]. 广州: 华南理工大学, 2015: 102.

[9] 中华人民共和国住房和城乡建设部. 民用建筑热工设计规范: GB 50176—2016[S]. 北京: 中国建筑工业出版社, 2016: 38.

[10] 郭雷. 基于全风向风环境模拟的住区规划布局研究[D]. 西安: 西安建筑科技大学, 2019.

[11] 刘思梦. 夏热冬暖地区超高层绿色公共建筑被动式节能研究[D]. 北京: 北京建筑大学, 2015.

[12] 中华人民共和国住房和城乡建设部. 城市综合交通体系规划标准: GB/T 51328—2018[S]. 北京: 中国建筑工业出版社, 2018: 41.

[13] 北京市规划委员会. 北京地区建设工程规划设计通则 (2012修编)[S]. 北京, 2012: 114.

[14] 中华人民共和国住房和城乡建设部. 民用建筑设计统一标准: GB 50352—2019[S]. 北京: 中国建筑工业出版社, 2019: 6.

[15] 中华人民共和国住房和城乡建设部. 公共建筑节能设计标准: GB 50189—2015[S]. 北京: 中国建筑工业出版社, 2015: 78.

[16] 中国气象局气象信息中心气象资料室, 清华大学建筑技术科学系. 中国建筑热环境分析专用气象数据集[M]. 北京: 中国建筑工业出版社, 2005.

[17] 宋芳婷, 诸群飞, 吴如宏, 等. 中国建筑热环境分析专用气象数据集[C]//全国暖通空调制冷2006学术年会资料集. 2006: 1.

[18] 国家环境保护总局环境工程评估中心. 环境影响评价技术导则与标准汇编[G]. 北京: 中国环境科学出版社, 2005.

[19] 中华人民共和国住房和城乡建设部. 民用建筑绿色性能计算标准: JGJ/T 449—2018[S]. 北京: 中国建筑工业出版社, 2018: 7-8.

[20] 中华人民共和国国家质量监督检验检疫总局, 中国国家标准化管理委员会. 热带气旋等级: GB/T 19201—2006[S]. 北京: 商务印书馆, 2006: 9.

[21] CHENG V, NG E. Thermal comfort in urban open spaces for HongKong[J]. Architectural Science Review, 2006, 49(3):236-242.

第 **3** 章

关键机理探索：『场地－热适应』研究

　　目前城市设计领域中尚没有从改善城市微气候的视角对场地布局与空间形态提出规范性要求，建筑群场地布局及空间形态与热环境的相关性研究已取得一定成果，但从场地太阳辐射吸收的视角引导场地布局和空间形态设计的研究、空间模型设置的精细化研究及描述评价指标研究、不同地域气候下的影响差异及机理研究仍欠缺。本章从传统建筑"冷巷"空间的气候适应机理和建筑师的视角出发，构建4×4典型场地建筑群形体空间模型矩阵，聚焦太阳辐射对场地和建筑热环境的不利影响，定量分析场地和建筑接收太阳辐射情况，选取广州、上海、北京、哈尔滨四座城市探索不同地域气候下的相关性规律和差异。主要结论包括：同城市同容积率下，高密度、低高度建筑群场地和建筑表面接收太阳辐射量较小；同密度、高度下，南北向接收太阳辐射量较小；相同建筑规模下，场地和建筑表面接收太阳辐射量与场地暴露遮蔽度呈现一定正线性相关性，北京、哈尔滨、上海、广州相关程度依次减弱，哈尔滨、广州、上海、北京影响程度依次减弱等。

3.1　国内外研究趋势综述与本研究定位

　　随着城市化进程的加快，城市空间形态由简单低密度向复杂高密度发展，重塑城市下垫面，改变城市能量平衡，影响城市热环境，热岛效应等城市气候问题涌现。一方面影响室内外热环境质量和热舒适度，另一方面增加建筑夏季空调制冷能耗，造成巨大的社会经济损失，制约城市可持续发展。目前城市设计领域中尚没有从改善城市微气候的视角对场地布局与空间形态提出规范性要求[1]，且对不同地域气候下的影响差异关注不足。

　　场地布局与空间形态作为绿色公共建筑设计流程中的重要环节①，影响场地和建筑表面的暴露和遮蔽程度，进而影响太阳辐射接收情况，造成温度变化并与周围空气

---

① 崔愷院士在其主持的"十三五"国家重点研发计划项目"地域气候适应型绿色公共建筑设计新方法与示范"（项目编号：2017YFC0702300）中提出，绿色公共建筑设计的基本流程可分为场地、布局、形态、空间、界面、功能、选材、技术、施工、调试、测试 11 个环节。

进行热交换。通过调整建筑尺度、高度、间距、朝向等可获得适宜的场地布局空间形态，改善场地与建筑热环境，提升人在场地和建筑中的舒适度。

3.1.1 "冷巷"空间的气候适应机理与当代应用研究

传统地域建筑在长期的营建过程中形成了一系列朴素、有效的气候适应性空间和技术，"冷巷"即适应亚热带湿热气候的一种典型空间模式。冷巷空间一般指起遮阳、通风和降温作用的狭窄巷道，其高宽比较大，墙面与地面受太阳直接辐射、地面反射与天空散射影响均较小，利于减少建筑外部得热，形成良好的微气候。同时，冷巷的墙面与地面可作为蓄冷体促进降温，具有良好的风压和热压通风效果，并可作为建筑的气候缓冲层提供舒适的居住和活动空间。除岭南外，闽南、江浙、皖南等地区民居中也有类似的冷巷空间应用，体现了较广泛的气候适应性[2]。

冷巷空间的气候适应性研究始于岭南建筑研究学者对其被动降温作用及机理的定性论述[3-5]，并由当代学者继承发展，定量分析其气候适应性并探讨其在当代建筑设计，尤其是建筑节能设计中的应用[6-9]。冷巷效应以建筑组群的场地布局与空间形态设计为基础，对场地和建筑的热舒适具有显著的促进作用，对当代城市和场地建筑群的规划设计具有较好的适应性和借鉴意义，但目前场地布局层面的相关应用研究相对较少。

3.1.2 建筑群场地布局与热环境的相关性研究

相关学者在建筑群场地布局与热环境的相关性研究方面已取得一定成果。研究多以某一特定城市为研究地点，基于该城市的气候条件，进行实测或采用模拟软件计算分析容积率、建筑密度、平均高度、建筑朝向、街道高宽比等既有形体空间描述指标与温度、风速、太阳辐射接收量等热环境参数的耦合关系（图3-1）。如袁超[10]、邬尚霖[11]、孙欣[12]、蔺兵娜[13]等分别基于香港、广州、南京、哈尔滨等城市（地区）的典型气象条件，采用Ecotect、ENVI-met、DUTE、ArcGIS等软件进行模拟分析，提出缓解

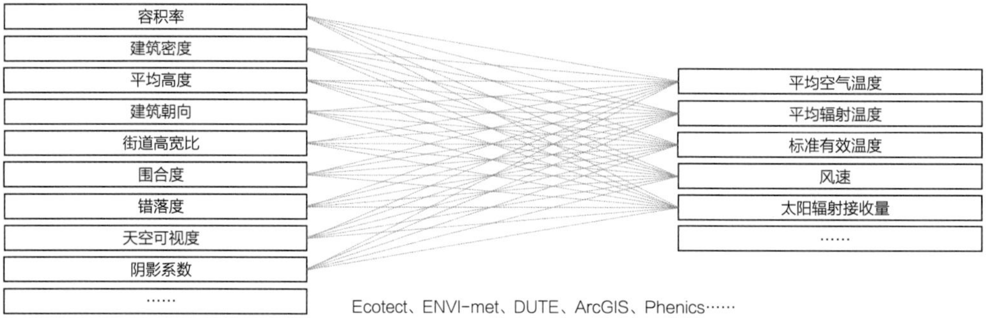

容积率	平均空气温度
建筑密度	平均辐射温度
平均高度	标准有效温度
建筑朝向	风速
街道高宽比	太阳辐射接收量
围合度	……
错落度	
天空可视度	
阴影系数	
……	

Ecotect、ENVI-met、DUTE、ArcGIS、Phenics……

图 3-1
建筑群场地布局与热环
境相关性既有研究思路
与方法
（资料来源：连璐绘制）

热岛效应、改善微气候的规划设计策略。

同时，相关研究主要存在以下三点不足。

第一，场地建筑群形体空间模型设置有待进一步精细化及量化研究。既有研究模型可分为以实际项目为基础和抽象几何形体两类，前者对实际项目依赖性较强，缺乏抽象提炼，或导致研究结果的普适性欠缺；后者对建筑空间形态的认知和表征不足。

第二，对场地建筑群形体空间的描述与评价指标不够明确。其中以建筑外表面接收太阳辐射情况为评价指标的相关研究多从太阳辐射利用的视角出发，对太阳辐射对建筑及场地热环境造成的不利影响关注较少，从场地太阳辐射吸收的视角引导场地布局和空间形态设计的研究不足。

第三，不同地域气候下的影响差异与机理研究仍欠缺。不同气候区下，城市空间形态对微气候的影响方式、程度和相关指标均不同，甚至存在本质的区别[14]。对于严寒地区、寒冷地区、夏热冬冷地区、夏热冬暖区等，城市与场地建筑群受气候条件的影响与适应方式不同，对热环境的作用机理和结果也不同，应有针对性地进行分析和比较研究。

3.1.3 本研究定位

针对以上问题，本章从建筑师的角度出发，基于冷巷效应研究和绿色公共建筑调研构建典型场地建筑群形体空间模型，聚焦太阳辐射对场地与建筑热环境的不利影响，基于Ecotect软件模拟分析不同场地布局下的太阳辐射接收情况，探索其相关性规律；选取广州、上海、北京、哈尔滨四座城市，进一步探索不同地域气候下的相关性差异，提出场地布局设计策略。

3.2　场地布局建模设计与热环境模拟评价的参数选择

3.2.1　建筑师视角下的场地建筑群模型设计

基于对近年来建筑师参与较多的绿色公共建筑项目的调研，选取如图3-2所示的10个公共建筑项目为原型，加以方向变化，在以下较为典型的地块尺度、容积率、建筑密度、平均高度等控制条件下，构建4×4典型场地建筑群形体空间模型矩阵，以便不同场地布局空间形态的定量描述及后期规律观察。

控制场地及土地开发强度指标为：轮廓为200m见方的正方形地块①，容积率1.2②，总建筑面积48000m²。

控制建筑平均高度：分别为9m、12m、18m、24m、36m、60m、100m③。

控制建筑群布局形态为：集中式（如A1、B2、C3、D4）、行列式（如A3、B3、B4）、半围合式（如A4）。

---

① 根据《城市综合交通体系规划标准》GB/T 51328—2018 表 12.6.3 不同功能区的街区尺度推荐值，商业区与就业集中的中心区街区尺度推荐值为 100 ~ 200m，工业区、物流园区为 ≤ 600m，本章选取街区尺度 200m×200m，符合公共建筑在不同功能区的街区尺度控制指标[15]。

② 根据《绿色建筑评价标准》GB/T 50378—2019 表 7.2.1-2 公共建筑容积率（R）评分规则，最低得分标准为行政办公、商务办公、商业金融、旅馆饭店、交通枢纽等 ≥ 1.0，教育、文化、体育、医疗卫生、社会福利等 ≥ 0.5，本章选取容积率 1.2，符合不同类型公共建筑的容积率控制指标[16]。

③ 根据《民用建筑设计统一标准》GB 50352—2019 对民用建筑的分类，建筑高度不大于 24.0m 的公共建筑及建筑高度大于 24.0m 的单层公共建筑为低层或多层民用建筑，建筑高度大于 24.0m 且不大于 100.0m 的非单层公共建筑为高层民用建筑，建筑高度大于 100.0m 为超高层建筑，本章选取建筑高度 9m、12m、18m、24m、36m、60m、100m，符合典型低层、多层、高层公共建筑高度[17]。

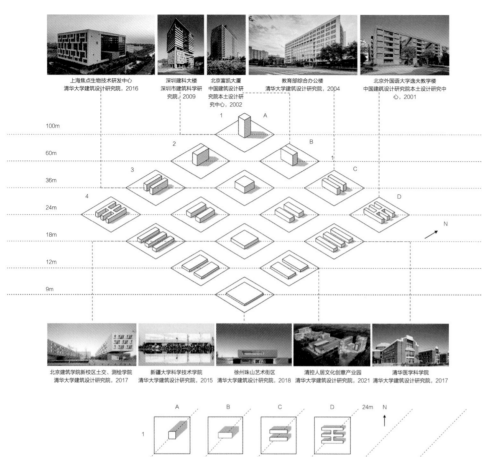

上海焦点生物技术研发中心
清华大学建筑设计研究院，2016

深圳建科大楼
深圳市建筑科学研究院，2009

北京富凯大厦
中国建筑设计研究院本土设计研究中心，2002

教育部综合办公楼
清华大学建筑设计研究院，2004

北京外国语大学逸夫教学楼
中国建筑设计研究院本土设计研究中心，2001

北京建筑学院新校区土交、测绘学院
清华大学建筑设计研究院，2017

新疆大学科学技术学院
清华大学建筑设计研究院，2015

徐州珠山艺术街区
清华大学建筑设计研究院，2018

清控人居文化创意产业园
清华大学建筑设计研究院，2021

清华医学科学院
清华大学建筑设计研究院，2017

图 3-2
4×4 典型场地建筑群形体空间模型矩阵轴测图
（资料来源：连璐根据"地域气候适应型绿色公共建筑设计新方法与示范"（2017 YFC0702300）项目组提供案例绘制）

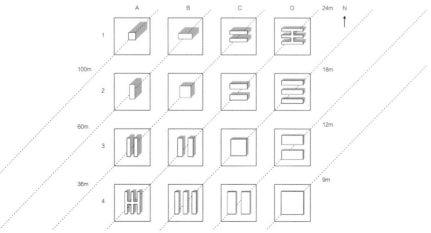

图 3-3
4×4 典型场地建筑群形体空间模型矩阵平面图
（资料来源：连璐绘制）

4×4典型场地建筑群形体空间模型矩阵主要经济技术指标 表3-1

	A1	B1	C1	D1	A2	B2	C2	D2
总用地面积（m²）	40000	40000	40000	40000	40000	40000	40000	40000
总建筑面积（m²）	48000	48000	48000	48000	48000	48000	48000	48000
容积率	1.2	1.2	1.2	1.2	1.2	1.2	1.2	1.2
建筑密度（%）	4	6	10	15	6	10	15	23
平均高度（m）	100	60	36	24	60	36	24	18
建筑朝向	南北	南北	南北	南北	东西	南北	南北	南北
	A3	B3	C3	D3	A4	B4	C4	D4
总用地面积（m²）	40000	40000	40000	40000	40000	40000	40000	40000
总建筑面积（m²）	48000	48000	48000	48000	48000	48000	48000	48000
容积率	1.2	1.2	1.2	1.2	1.2	1.2	1.2	1.2
建筑密度（%）	10	15	20	30	15	23	30	39
平均高度（m）	36	24	18	12	24	18	12	9
建筑朝向	东西	东西	南北	南北	东西	东西	东西	南北

（资料来源：连璐绘制）

　　如图3-3矩阵平面中沿参考线（虚线）建筑高度相同并由左上至右下依次降低，呈低密度、高高度向高密度、低高度的变化趋势，并以左上-右下斜线为轴线向两侧逐渐离散并成轴对称，即主要朝向分别为南北、东西。主要技术经济指标见表3-1。

3.2.2　热环境模拟的边界设定

　　本章选用CSWD（Chinese Standard Weather Data）气象数据源，即中国气象局气象信息中心与清华大学建筑学院共同发布的《中国建筑热环境分析专用气象数据集》[18]。该数据以中国气象局气象信息中心气象资料室收集的全国270个地面气象台站1971～2003年的实测气象数据为基础，通过分析、整理、补充源数据及合理的插值计算，得到建筑热环境分析专用气象数据集。其中包括根据观测资料整理出的设计用室外气象参数及由实测数据生成、用于建筑热环境动态模拟分析的典型年逐时气象参数。

选取广州（59287基本站，23.17°N，113.33°E，海拔高度41.000m）、上海（58362基本站，31.40°N，121.45°E，海拔高度5.500m）、北京（54511基本站，39.80°N，116.47°E，海拔高度31.300m）、哈尔滨（50953基本站，45.75°N，126.77°E，海拔高度142.300m）四座城市作为模拟地点，考虑减少不同城市的太阳辐射与气候条件差异的影响，选取夏季（过热时段，6月1日至8月31日）0:00～24:00作为模拟时段，进一步分析夏热冬暖地区、夏热冬冷地区、寒冷地区、严寒地区的影响机理和结果差异。

3.2.3 模拟平台的选择

本章采用环境性能分析辅助设计软件Autodesk Ecotect Analysis 2011，该软件可提供全方位的日照辐射分析，实现阴影遮挡、某一时段的辐射量分布、辐射平均值等计算[19]，并采用逐时气象数据分析软件Weather Tool对四座城市的气候条件与太阳辐射情况进行分析。

3.2.4 模拟目标的设定

热量平衡是城市热岛效应形成的能量基础，城市表面在吸收太阳辐射和大气逆辐射获得能量的同时以其本身的温度不断向外发射辐射而失去能量。城市空间形态通过影响地表能量平衡过程和空气流动影响热环境，城市表面接收太阳辐射，温度上升并向外辐射热量，造成城市气温升高，加剧热岛效应。周淑贞等对上海城市热岛强度进行回归分析，发现其与太阳直射辐射日总量呈正相关，主要通过下垫面反射、吸收和增温实现[20]。

本章选取建筑群场地地面和建筑外表面（包括建筑各外立面和屋顶）夏季日均接收太阳辐射量（W·h）为评价指标，指场地和建筑表面的总入射太阳辐射，包括直射和散射辐射。场地和建筑接收太阳辐射表面的遮挡与暴露情况受建筑群场地布局方式和建筑尺度、高度、间距、朝向等因素的影响。

3.3 场地－热适应的模拟结果与数据分析

3.3.1 模拟结果整体情况

分别模拟计算四座典型城市气候条件下4×4典型场地建筑群形体空间模型矩阵场地和建筑表面夏季日均接收太阳辐射量，结果见图3-4。

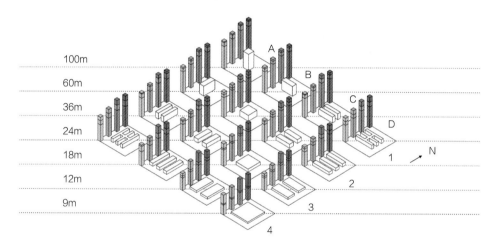

图 3-4
4×4 典型场地建筑群形体空间模型矩阵场地和建筑表面夏季日均接收太阳辐射情况
（资料来源：连璐绘制）

3.3.2 同一城市（地域）相关性分析

分别观察单一城市（地域）场地建筑群形体空间模型矩阵场地和建筑表面夏季日均接收太阳辐射情况的模拟结果差异，总体表现为同容积率下，高密度、低高度建筑群场地和建筑表面接收太阳辐射量较小；同密度、高度下，南北向建筑群场地和建筑表面接收太阳辐射量较小，符合冷巷效应作用机理。具体表现如下：

（1）相同建筑规模下，矩阵平面由左上至右下建筑密度增大，平均高度减小（如A1-B2-C3-D4），场地和建筑表面接收的太阳辐射量减小。

（2）相同建筑规模及高度条件下，矩阵平面以左上–右下斜线为轴线向两侧逐渐离散（如B3-A4、C2-D1），场地和建筑表面接收的太阳辐射量增大。

（3）对于场地布局与建筑形态相同、朝向不同的建筑群（如A2、B1，A3、C1等），主要朝向为南北向的建筑群场地和建筑表面接收的太阳辐射量更小。

3.3.3 场地暴露遮蔽度指标的提出

基于上述观察分析，综述建筑密度①、平均高度②、体形系数③、建筑表皮系数④、面积放大系数⑤、外表接触系数⑥、形体空间密度⑦、场地围护系数⑧等描述建筑群场地布局与空间形态的参数，并关注其对建筑朝向、场地与建筑暴露和遮蔽程度的描述方式。场地建筑群形体空间模型矩阵的形体空间描述参数见表3-2。

---

① 建筑密度 = 建筑基底总面积 / 总用地面积 ×100%[17]。
② 平均高度 = 地上建筑总体积 / 建筑基底总面积[21]。
③ 体形系数 = 建筑与室外空气直接接触的外表面积 / 其所包围的体积，其中与室外空气直接接触的外表面积不包括地面和不供暖楼梯间内墙的面积[22]。
④ 建筑表皮系数 = 建筑总外表面积 / 建筑基底总面积，表征总外表面积相较基底面积的扩大程度[23]。
⑤ 面积放大系数 = 建筑吸热外表面积 / 建筑基底总面积（吸热外表面指除建筑北立面的总外表面积），其中吸热外表面积指显著接收太阳直接辐射的东、南、西立面和屋顶面积之和，表征具有较强太阳辐射吸收能力的外表面积相较基底面积的扩大程度[24]。
⑥ 外表接触系数 = （建筑立面展开面积 + 屋顶面积 + 架空底面面积）/ 总建筑面积，表征外立面、天井立面及屋顶、架空层底面等与室外空气直接接触的表面对室内外热传导的影响，与体形系数相比消除建筑层高的干扰，可更准确地表征建筑形体与冷热负荷的关系[25-28]。
⑦ 形体空间密度 = 地上建筑总体积 / （用地红线周长 × 建筑最大高度）×100%，表征城市空间形态的疏密程度，在容积率、建筑高度控制确定的用地层级区分度不大，但在片区控制中可通过引导加大建筑高度差异提高片区建筑错落度，改善热环境[28-30]。
⑧ 场地围护系数 = 建筑总外表面积 / 总用地面积，表征场地建筑群接收太阳辐射面积占总用地面积的比例，在冬夏两季对场地温度和到达场地地面的太阳辐射量均有显著影响[29][31]。

4×4典型场地建筑群形体空间模型矩阵形体空间描述参数

表3-2

	A1	B1	C1	D1	A2	B2	C2	D2
建筑密度（%）	4	6	10	15	6	10	15	23
平均高度（m）	100	60	36	24	60	36	24	18
体形系数	0.11	0.11	0.15	0.18	0.11	0.09	0.13	0.15
建筑表皮系数	11.00	6.50	5.32	4.32	6.50	3.25	3.08	2.74
面积放大系数	8.50	4.50	3.52	3.00	5.75	2.69	2.28	2.02
外表接触系数	0.37	0.33	0.44	0.54	0.33	0.28	0.39	0.51
形体空间密度（%）	4	6	10	15	6	10	15	23
场地围护系数	0.44	0.39	0.53	0.65	0.39	0.33	0.46	0.62
	A3	B3	C3	D3	A4	B4	C4	D4
建筑密度（%）	10	15	20	30	15	23	30	39
平均高度（m）	36	24	18	12	24	18	12	9
体形系数	0.15	0.13	0.10	0.14	0.18	0.15	0.14	0.14
建筑表皮系数	5.32	3.08	1.80	1.68	4.32	2.74	1.68	1.29
面积放大系数	4.96	2.84	1.60	1.44	3.98	2.59	1.58	1.22
外表接触系数	0.44	0.39	0.30	0.42	0.54	0.51	0.42	0.42
形体空间密度（%）	10	15	20	30	15	23	30	39
场地围护系数	0.53	0.46	0.36	0.50	0.65	0.62	0.50	0.50

（资料来源：连璐绘制）

　　分别将上述指标与场地和建筑表面夏季日均接收太阳辐射量（W·h）进行线性回归分析，结果如下：

　　平均高度、建筑表皮系数、面积放大系数与场地和建筑表面夏季日均接收太阳辐射量呈正相关，建筑密度、形体空间密度与接收太阳辐射量呈负相关，体形系数、外表接触系数、场地围护系数与接收太阳辐射量无明显相关性。

　　根据形体空间描述参数与其对建筑朝向、场地与建筑暴露和遮蔽程度的描述方式筛选符合影响机理的参数，并根据回归分析结果比较各参数的回归系数、相关系数和显著性，提出场地暴露遮蔽度指标，描述建筑群场地布局的空间形态和暴露、遮蔽程度：

场地暴露遮蔽度=（建筑总外表面积-北立面面积[①]）/建筑基底面积   （3-1）

相同建筑规模下，场地和建筑表面夏季日均接收太阳辐射量与场地暴露遮蔽度呈一定正线性相关性，即：场地建筑群空间形态使得接收太阳辐射的表面暴露越多（增量越大），对场地的遮蔽越少，接收太阳辐射量越大。

3.3.4 不同城市（地域）相关性分析

对广州、上海、北京、哈尔滨四座城市（地域）场地暴露遮蔽度与场地和建筑表面夏季日均接收太阳辐射量（W·h）进行线性回归分析，结果见图3-5。

场地暴露遮蔽度与场地和建筑表面夏季日均接收太阳辐射量的相关性越高，表示场地布局和空间形态对场地和建筑表面接收太阳辐射情况的影响作用越显著，即对太阳辐射越敏感。

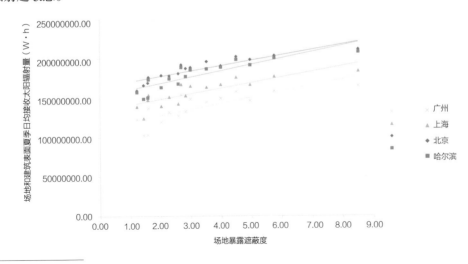

图3-5
场地暴露遮蔽度与场地和建筑表面夏季日均接收太阳辐射量相关性分析
（资料来源：连璐绘制）

---

① 建筑北立面虽然在夏季能够接收少量太阳辐射，但对热环境的影响相对较小。

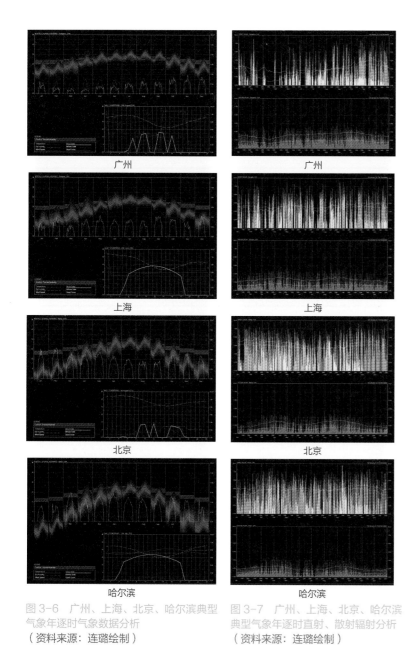

图 3-6 广州、上海、北京、哈尔滨典型气象年逐时气象数据分析
（资料来源：连璐绘制）

图 3-7 广州、上海、北京、哈尔滨典型气象年逐时直射、散射辐射分析
（资料来源：连璐绘制）

北京（R^2=0.7989）、哈尔滨（R^2=0.7389）、上海（R^2=0.6904）、广州（R^2=0.6057）四座城市相关程度依次减弱，哈尔滨、广州、上海、北京四座城市影响程度依次减弱。这一结果受四座城市典型气象年太阳辐射与气候条件（包括太阳方位角、高度角、总辐射强度、直射辐射、散射辐射、日照时数等，见图3-6、图3-7）、地块尺度、样本数量影响，不单纯受纬度影响。

3.4 场地－热适应机理的结论与设计策略

3.4.1 热适应视角下的场地布局策略

（1）城市规划设计层面，除降低建筑密度以控制土地开发强度、增大绿地率等方式，还应关注建筑群场地布局和空间形态，包括建筑尺度、高度、间距、朝向等，降低场地暴露遮蔽度，以改善城市微气候，提升人在场地和建筑中的舒适度。

（2）不同城市（地域）气候条件

下，场地建筑群接收太阳辐射情况与场地布局空间形态的相关性存在一定差异，应有
针对性地进行控制与调整。

（3）关注建筑界面层面，采用生态建筑表皮等隔热技术措施对于缓解热岛效应，改
善热环境同样具有显著作用。

3.4.2 局限性与展望

（1）目前场地建筑群形体空间模型矩阵的设置以相同建筑规模为基础，围合度、错
落度及建筑层高设置有待进一步研究；且矩阵规模较小，样本数量较少，可能导致模
拟计算结果及相关性分析产生误差。下一步将调整形体空间模型，扩大矩阵规模，并
展开多变量分析。

（2）目前选取广州、上海、北京、哈尔滨四座典型城市作为模拟地点，仅模拟分析
夏季（过热时段）场地和建筑表面接收太阳辐射情况，重点考虑太阳辐射对城市和建筑
热环境的不利影响。下一步将深入分析各城市（地域）的太阳辐射与气候条件和作用机
理差异，有针对性地筛选模拟时段，并对过渡季、冬季（过冷时段）等时段进行模拟分
析，综合考虑不同时段与气候条件的影响机理和结果差异。

（3）目前仅模拟场地和建筑表面接收太阳辐射情况，未考虑吸收、反射情况，下一
步将细化设置下垫面及建筑表面材质，并考虑绿化、水体等对热环境的改善作用。

参考文献

[1]   丁沃沃，胡友培，窦平平. 城市形态与城市微气候的关联性研究[J]. 建筑学报，2012（7）：16-21.

[2]   陈晓扬，郑彬，傅秀章. 民居中冷巷降温的实测分析[J]. 建筑学报，2013（2）：82-85.

[3]   陈伯齐. 天井与南方城市住宅建筑——从适应气候角度探讨[J]. 华南工学院学报，1965（4）：
        1-18.

[4] 陆元鼎，马秀之，邓其生. 广东民居[J]. 建筑学报，1981（9）：29-36，82-87.

[5] 汤国华. 广州西关小屋的热、光、声环境[J]. 南方建筑，1996（1）：54-57.

[6] 肖毅强，刘穗杰. 岭南传统建筑气候空间的尺度研究[J]. 动感（生态城市与绿色建筑），2015（2）：73-79.

[7] 陈杰. 亚热带地区冷巷设计研究[D]. 广州：华南理工大学，2013.

[8] 惠星宇. 广府地区传统村落冷巷院落空间系统气候适应性研究[D]. 广州：华南理工大学，2016.

[9] 张祎玮. 当代冷巷的设计策略及其典型类型量化分析研究[D]. 南京：东南大学，2017.

[10] 袁超. 缓解高密度城市热岛效应规划方法的探讨——以香港为例[J]. 建筑学报，2010（S1）：120-123.

[11] 邬尚霖. 低碳导向下的广州地区城市设计策略研究[D]. 广州：华南理工大学，2016.

[12] 孙欣，温珊珊. 刍议影响热环境的城市形态指标及内在机理[C]//中国城市科学研究会，江苏省住房和城乡建设厅，苏州市人民政府. 2018城市发展与规划论文集. 2018：1574-1586.

[13] 蔺兵娜. 基于太阳辐射模拟的哈尔滨市居住区空间形态研究[D]. 哈尔滨：哈尔滨工业大学，2019.

[14] GOLANY G S. Urban design morphology and thermal performance[J]. Atmospheric Environment，1996, 30(3): 455-465.

[15] 中华人民共和国住房和城乡建设部. 城市综合交通体系规划标准：GB/T 51328-2018[S]. 北京：中国建筑工业出版社，2019.

[16] 中华人民共和国住房和城乡建设部. 绿色建筑评价标准：GB/T 50378-2019[S]. 北京：中国建筑工业出版社，2019.

[17] 中华人民共和国住房和城乡建设部. 民用建筑设计统一标准：GB 50532-2019[S]. 北京：中国建筑工业出版社，2019.

[18] 中国气象局气象信息中心气象资料室，清华大学建筑技术科学系. 中国建筑热环境分析专用气象数据集[M]. 北京：中国建筑工业出版社，2006.

[19] Autodesk, Inc. Autodesk Ecotect analysis 2011绿色建筑分析应用[M]. 北京：电子工业出版社，2012.

[20] 周淑贞，郑景春. 上海城市太阳辐射与热岛强度[J]. 地理学报，1991（2）：207-212.

[21] 中华人民共和国住房和城乡建设部. 城市居住区热环境设计标准：JGJ 286-2013[S]. 北京：中国建筑工业出版社，2014.

[22] 中华人民共和国建设部. 公共建筑节能设计标准：GB 50189-2015[S]. 北京：中国建筑工业出版社，2015.

[23] 李积权，蔡碧新. 基于建筑表皮的城市热岛效应改善技术研究[J]. 工业建筑，2008（6）：16-19.

[24] 杨传贵，王军，刘辉，等. 建筑外表面吸热对"城市热岛"增益的研究[J]. 天津城市建设学院学

报，2006（3）：161-164.

[25]　赵鹏，胡卫军. 关于建筑形体系数替代建筑体形系数的研究[J]. 四川建筑科学研究，2012，38（4）：297-300.

[26]　UYTENHAAK R. Cities full of space: qualities of density[M]. Rotterdam: 010 Publishers，2012.

[27]　邓巧明. 集约化高校校园空间形态与空间品质的关联性研究[D]. 广州：华南理工大学，2015.

[28]　连璐，张悦，程晓喜，等. 绿色公共建筑的形体空间气候适应性机理及其若干关键指标研究综述[J]. 世界建筑，2019（12）：121-125，128-129.

[29]　巴鲁克·吉沃尼. 建筑设计和城市设计中的气候因素[M]. 北京：中国建筑工业出版社，2011.

[30]　PONT M B，HAUPT P. Spacemate: the spatial logic of urban density[M]. Delft: Delft University Press，2004.

[31]　SHARLIN N，HOFFMAN M E. The urban complex as a factor in the air-temperature pattern in a mediterranean coastal region[J]. Energy and Buildings，1984，7(2)：149-158.

第4章

关键机理探索：
「形体-风适应」研究

当前对建筑自然通风的研究多关注方案后期评价及优化，对方案前期形体空间设计阶段的关注不足。本章以公共建筑中量大面广的板式多层办公楼为建筑原型建模，以连续变化朝向的同一模型为研究对象，将北京地区人体舒适温度范围内的逐时风况筛选统计作为外界条件，试图避免主导风的干扰，采用基于计算流体力学的PKPM-CFD软件分别对其进行自然通风模拟，得出建筑在不同朝向的平均换气次数并加以分析。研究表明，北京地区最有利于自然通风的朝向为正南北向，但自然通风潜力对朝向的敏感度较低。

4.1 国内外研究趋势综述与本研究定位

坚持绿色发展的理念已成为各行业须坚守的原则。建筑作为社会资源和能源消耗的主要行业之一，如何适应地域气候、实现节能减排、绿色发展成为当下重点研究方向。据统计表明，以办公楼为代表的公共建筑单位面积能耗是居住建筑的数倍，绿色公共建筑的研究成为重中之重。我国的绿色建筑建造起步较晚，但发展迅猛，近些年产生了大量绿色建筑标识作品，但实际运行情况并不尽如人意，且存在重设备维护、轻建筑形体设计的弊端，到了重新审视、总结反思的阶段。

4.1.1 建筑通风与形体空间设计的相关研究

目前对建筑自然通风的研究主要集中在三个方面：一是从暖通专业的视角出发，关注对通风模拟软件的算法优化，如章宇峰等研究了"自然通风与建筑热模型耦合规律"和"区域网络模型中对建筑表面风压的简化处理方法"，开发了嵌入Dest软件的通风计算模块[1]；二是从工程应用的角度出发，关注通风模拟软件对设计方案的介入过程，如郭卫宏等研究了"从总体布局、建筑形体、围护界面三个层面结合CFD风环境模拟软件进行自然通风优化的方法"[2]；三是对建筑设计要素与自然通风效果的机理研究，如张潇研究了湿热地区可通风中庭屋顶的开启朝向、开启方式和作用机制[3]，刘庆研究了门窗开启的开度大小、窗户形式对自然通风效果的影响[4]。

与形体空间设计相关的研究集中在中庭形状、开窗洞口大小等，对建筑设计主控要素如场地布局、建筑朝向、建筑室内分隔等研究不足。

4.1.2 建筑通风与朝向的相关研究

目前有关建筑朝向与自然通风性能的研究有两个方向：一是基于软件模拟结果对朝向进行定性研究，如肖葳提出了风方位角，定义为"建筑多数采光窗方向与主导风向夹角"，通过模拟不同角度的标准模块风场得出室内风速同风方位角变化的简单规律[5]；二是将建筑朝向进行指标化描述，如《城市居住区热环境设计标准》JGJ 286—2013定义迎风面积比为"迎风面积与最大可能迎风面积之比"[6]，连璐等在其提出的形体空间气候适应性指标体系中也选用这一指标[7]。

现有模拟软件的设置及已有的通风研究多采用"主导风向"作为初始输入条件，以代表自然界风场来进行建筑自然通风的分析。主导风向在一定程度上能代表某地的最高频率风来向，但逐时风况复杂多变，主导风向并不能准确代表风场。相较而言，在控制模拟工作量不要过大的前提下，采用精细筛选后的逐时风况更具代表性。

4.1.3 本研究定位

本章借助基于CFD的软件，对不同角度的板式办公楼原型标准层进行自然通风模拟和结果比较分析，筛选全年逐时气象参数中人体舒适温度范围内的风况作为初始工况，试图得到特定城市的建筑自然通风效果与朝向之间的相关性，进而得到最佳通风朝向、最不利通风的朝向等结论。本章通过筛选全年人体舒适温度范围内逐时风况以求尽量接近全年真实风场，依据统计得到的风玫瑰图优化模拟次数，对修正以往过于依赖主导风向对建筑朝向设计的指导、修订现有绿色模拟软件的风评价指标具有很大意义。

4.2 通风模型的建立与风环境模拟评价的参数选择

4.2.1 建筑师视角下的单体模型设计

本研究选用公共建筑中最量大面广的板式办公楼为研究对象，基于建筑师的设计规范及设计习惯，设计模型如下。

由于建设成本及土地价值的考量、建设规范的限制，多数办公楼建筑总高度控制在60m以下。本模型首层层高6.0m，标准层层高4.2m，共计13层，屋顶设备层3m，总建筑高度59.4m，如图4-1所示。

标准层平面设计如图4-2所示，标准层面积为1764m²；核心筒和走廊的面积为507m²，占标准层面积的28.7%，服务区与被服务区的面积配比处于合理范围。详细尺寸如下。

考虑到建筑的防火分区，高层建筑一个防火分区的面积上限为1500m²，加自动喷淋设备面积可增加一倍[8]63，因此选取一个标准层为一个防火分区。考虑到办公楼内部的平面使用效率，柱网为横向、纵向皆8.4m的正交网格，柱截面为0.8m见方的正方形，横向6跨，两端各外挑半跨；纵向3跨，两侧各外挑2.4m。标准层平面的外围一圈

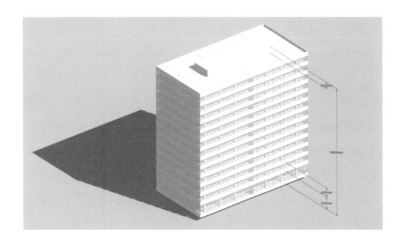

图4-1
模型的高度设计及尺寸示意
（资料来源：宋修教绘制）

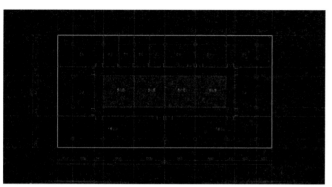

图 4-2　模型标准层设计及尺寸示意
（资料来源：宋修教绘制）

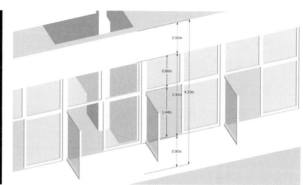

图 4-3　模型立面尺寸设计及尺寸示意
（资料来源：宋修教绘制）

为办公区，用宽度为2.4m的"回"字形内廊组织交通，中间设核心筒，居中占4跨，用来排布电梯井、候梯区、消防电梯、疏散楼梯、前室、卫生间、茶水间、设备机房、储物室等对自然通风需求不强的功能，在本模拟中不作详细的平面分隔设计。室内门高度为2m，单扇平开门宽1m，双扇平开门宽1.8m，较大房间设置两个门，符合防火规范的疏散要求[8]70。

建筑外立面设计为连续水平长窗，标准层层高为4.2m，其中窗台距离地板高0.9m，窗高2.4m，窗台上部预留0.9m。窗台上部高度与柱跨之比为10.7%，可在满足结构梁高度需求的同时剩余较为富余的空间布置管线或者设计内饰面；窗户总面积与外立面总面积之比为57.1%，符合我国各气候区公共建筑的窗墙比要求[9]6。窗扇设计为平开窗，有30%的面积可开启，最大平开到90°，符合各气候区公共建筑的开启扇比例要求[9]7，如图4-3所示。

4.2.2　人体舒适区内逐时风况筛选及统计

我国幅员辽阔，气候状况复杂，总体呈现出东南沿海地区受季风影响明显、内陆地区温带大陆性气候特征明显、各地气候差异大等规律。北京按建筑热工区划属于寒冷地区[10]7，春季多大风且有风沙、冬季多西北风[11]，全年的风速、风向多变。

　　根据图4-4所示各向风频统计来看，北京并不存在绝对主导的一个风向，可能是三或四个风向都占据较大比例。因而用单一的全年主导风向来表征北京的风场、来作为北京地区通风模拟的初始条件得到的结果并不准确。根据图4-5所示各向风频统计来看，北京四季也不存在绝对主导的风向：3～5月风频前三位分别是SSW 40次、NNW 32次、NE 29次，6～8月风频前三位分别是SE 43次、S 31次、SW 31次，9～11月风频前

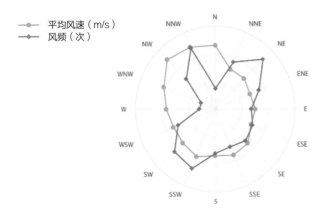

图 4-4　北京的典型气象年风玫瑰图
（资料来源：宋修教改绘自文献 [12]）

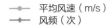

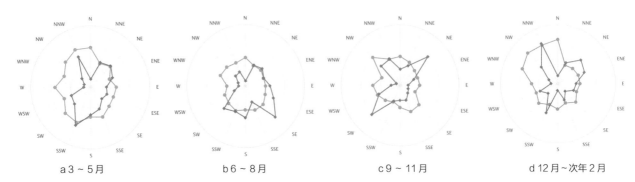

图 4-5　北京的典型气象年分季节风玫瑰图
（资料来源：宋修教改绘自文献 [12]）

北京市典型气象年人体舒适范围内风况统计表　　　表4-1

风向	N	NNE	NE	ENE	E	ESE	SE	SSE	S	SSW	SW	WSW	W	WNW	NW	NNW	总计
风频（次）	9	31	31	23	28	36	34	20	25	33	34	34	7	7	10	25	387
风频占比（%）	2.3	8.0	8.0	5.9	7.2	9.3	8.8	5.2	6.5	8.5	8.8	8.8	1.8	1.8	2.6	6.5	1
平均风速（m/s）	2.3	2.4	2.2	2.0	2.1	2.0	2.7	2.8	2.4	2.4	2.2	2.6	2.1	2.6	2.6	2.6	—

（资料来源：宋修教筛选自文献 [12]）

两位分别是SW 41次、NE 40次；12月至次年2月风频前三位分别是NNW 44次、NE 34次、SSW 32次。即便严格依照主导风向的定义①，北京市全年及春夏秋冬四季均无主导风向，仅有夏季ESE方向接近此定义，风频占比为29.8%。

建筑的自然通风模拟要考虑外部环境是否处于人体舒适度范围内。根据日常开窗通风习惯，室外风速过大、室外温度过高或者过低时刻的建筑通常不会开窗通风。目前对人体舒适度的相关研究已较为成熟，研究热舒适的相关学者认为，"南北方室内温度的可接受区的上下边区为18~28℃，在该温度范围，居民通过日常的通风和衣着热阻调节能够满足自身的热舒适要求"[13]。近地面风速大于5m/s时，人的体感不舒适，建筑设计应尽量避免或减少风速过大区域出现[14]。

将北京市典型气象年全年逐时风况共2190个数据②按室外温度为18~28℃、风速不超过5m/s两个条件筛选，共得到387个数据，作为本研究的模拟实验初始工况，统计如表4-1所

---

① 根据《环境影响评价技术导则》HJ 2.2—2018，主导风向是指风频最大的风向角的范围。风向角范围一般在连续45°左右，对于以16方位角表示的风向，主导风向一般是指连续2或3个风向角的范围。某区域的主导风向应有明显的优势，其主导风向角风频之和应≥30%，否则可称该区域没有主导风向或主导风向不明显。

② 本节选用的风数据来源于2005年由中国气象局气象信息中心气象资料室出版的《中国建筑热环境分析专用气象数据集》，其源数据来自全国270个国家地面气象观测台（站）1971~2003年的观测数据，但270个台站的观测数据情况参差不齐，数据记录时次、记录变更的起止时间等都存在差异，当中进行一日24次定时观测的台站只有134个，还有136个台站只有一日4次（1:00-7:00-13:00-19:00）、日极值、日总量的观测数据。

示。可以看到，最小风速为2.0m/s，最大风速为2.8m/s，差值为0.8m/s，波动幅度不大。

4.2.3 风环境模拟条件设置及指标评价

在软件选取上，对建筑物进行自然通风效果模拟的软件主要有网络节点法、数学模型法、计算流体力学法，本研究选用基于计算流体力学、采用标准k-ε模型的PKPM-CFD软件室内风模块进行模拟实验。

模拟对象为连续旋转16次角度之后的同一建筑。为方便统计，均选取第四层[①]的结果作对比。定义建筑长边有较多房间分隔的一侧朝向的方向为建筑朝向。以正北向为基准，将建筑顺时针依次旋转22.5°，得到16个不同朝向的建筑分别定义为N、NNE、NE、ENE、E、ESE、SE、SSE、S、SSW、SW、WSW、W、WNW、NW、NNW。

模拟的初始工况设置根据表4-1统计所得结果逐一设定，各建筑均按照16个不同风况模拟16次。

设置项目所在地为高层板式办公楼较为集中的北京北五环；设置项目类型为办公楼这一量大面广、有代表性的公共建筑；设置评价范围为标准层内除核心筒以外所有房间[②]；设置门窗扇均为完全打开90°的状态[③]；设定模拟计算的收敛精度为0.001；计算域的长度和宽度均设定为建筑平面尺寸的3倍，即建筑长边方向176.4m，建筑短边方向90m；设置最小网格尺寸为200mm、背景网格尺寸为400mm，在模型元素密集处自动加密，渐变率为1.2，最终得到总网格数为238360个[④]，如图4-6所示；所有计算均达到收敛即停止。以上设定均符合相关标准[16]的要求。

---

① 各气象台站设置的捕捉风数据设备距离地面10m左右。因为梯度风的存在，不同高度风速不同，第四层的风速与气象数据中风数据最为接近。

② 核心筒内的房间类型多不需要或很少需要自然通风，故不作评价。

③ 日常使用情况下窗户的开启随不同人员使用习惯不同变化较大，因本章研究的是建筑自然通风的潜力，故统一设置为全敞开。

④ 网格设定过小会延长计算时间，网格设定过大则不够精确。本模型的平面内最小尺寸为墙厚的200mm，故设定最小尺寸200mm可识别到所有构件。

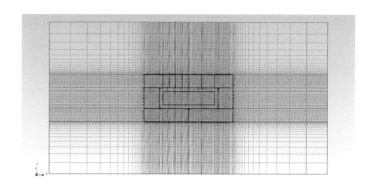

图 4-6
模型网格划分示意图
（资料来源：宋修教借助
PKPM-CFD 模块生成）

本实验借鉴换气次数的含义，定义"标准层换气次数"为主要评价指标，以评价同一标准层内所有房间换气能力的综合水平，同时借助空气龄云图、风速云图[1]作为辅助评价依据。

其计算公式为：

标准层换气次数[2]=标准层各房间送风总量/各房间总体积　　　　　　　　（4-1）

4.3 形体–风适应的模拟结果与数据分析

本实验将旋转16次角度的模型分别输入表4–1中16个风况进行模拟实验，并定义"平均换气次数"为特定建筑在全风况下的标准层换气次数加权平均值，加权系数为各风况风频占比，公式为：

平均换气次数=风况1换气次数×风况1风频占比+风况2换气次数×风况2风频占比+…+风况16换气次数×风况16风频占比　　　　　　　　　　　　　（4-2）

---

[1] 换气次数的单位为次 /h，与送风方式、进出风口的门窗洞口大小、房间的尺寸及形状等诸多因素有关；空气龄是指房间内某处空气在房间内滞留的时间长短，反映室内具体某处的空气新鲜程度；风速是指室内某处空气质点流动的平均速度，反映室内具体某处的空气流通能力。
[2] 以下简称"换气次数"。

各朝向建筑在不同风况下的标准层换气次数统计表　　　　表4-2

	风向	N	NNE	NE	ENE	E	ESE	SE	SSE	S	SSW	SW	WSW	W	WNW	NW	NNW	总数	平均换气次数（次）
风况	风频（次）	9	31	31	23	28	36	34	20	25	33	34	34	7	7	10	25	387	
	风频占比（%）	2.3	8.0	8.0	5.9	7.2	9.3	8.8	5.2	6.5	8.5	8.8	8.8	1.8	1.8	2.6	6.5	100.0	
	平均风速（m/s）	2.3	2.4	2.2	2.0	2.1	2.0	2.7	2.8	2.4	2.4	2.2	2.6	2.1	2.6	2.6	2.6		
各朝向建筑的标准层换气次数（次/h）	N	46.3	44.1	37.2	27.3	19.7	28.9	50.9	52.4	52.4	57.3	47.0	47.7	28.7	21.2	33.1	41.5		41.5
	NNE	43.4	48.4	40.5	34.1	28.7	18.7	38.9	51.2	57.3	51.2	40.2	35.6	17.2	33.1	41.5	49.2		39.9
	NE	36.0	45.3	44.3	36.8	36.1	27.3	25.3	40.3	44.4	52.4	52.6	55.4	38.5	35.6	21.2	33.1		40.5
	ENE	28.1	37.5	42.0	40.3	39.3	34.1	36.7	26.2	34.6	44.4	48.1	62.9	44.8	47.7	35.6	21.2		39.7
	E	18.8	29.3	34.4	37.8	42.3	36.8	45.5	38.2	22.5	36.2	40.8	56.7	51.2	55.4	47.7	35.6		38.8
	ESE	31.5	19.6	26.9	31.3	39.8	40.3	50.9	46.1	32.8	22.5	33.1	47.9	47.6	62.9	55.4	47.7		37.5
	SE	41.6	32.9	18.0	24.6	32.9	37.8	55.9	53.0	40.1	32.8	20.6	37.9	39.0	56.7	62.9	55.4		37.5
	SSE	49.1	43.8	30.2	16.4	25.7	31.3	50.9	60.3	44.1	40.1	30.1	24.3	31.0	47.9	56.7	62.9		38.4
	S	54.9	51.2	40.2	27.4	17.2	24.6	42.1	53.0	48.4	44.1	37.2	35.4	19.7	37.9	47.9	56.7		39.4
	SSW	51.7	57.3	47.0	36.7	28.7	16.4	33.0	43.7	45.3	48.4	40.5	43.4	28.7	24.3	37.9	47.9		39.9
	SW	42.6	52.4	52.6	44.6	38.5	27.4	22.0	34.2	37.5	45.3	44.3	48.7	36.1	35.4	24.3	37.9		39.9
	WSW	28.9	44.4	48.1	47.8	44.8	36.7	36.9	22.8	29.3	37.5	42.0	52.3	39.3	43.4	35.4	24.3		39.4
	W	21.6	36.2	40.8	45.3	51.2	44.6	49.5	38.3	19.6	26.9	34.4	49.2	42.3	48.7	43.4	35.4		39.5
	WNW	31.4	22.5	33.1	37.4	47.6	47.8	57.6	50.5	32.9	19.6	26.9	41.5	39.8	52.3	48.7	43.4		38.5
	NW	38.4	32.8	20.6	28.9	39.0	45.3	64.9	59.7	43.8	32.9	18.0	33.1	32.9	49.2	52.3	48.7		38.8
	NNW	42.3	40.1	30.1	18.7	31.0	37.4	58.9	47.8	51.2	43.8	30.2	21.2	25.7	41.5	49.2	52.3		38.5

（资料来源：宋修教绘制）

共得到256次实验结果，将结果汇总如表4-2所示。

4.3.1 平均换气次数随朝向变化的结果分析

观察图4-7所示变化趋势可以看到，平均通风换气次数随着朝向而变化的范围在37.5~41.5次/h，最高值与最低值之间相差4次/h，最高值出现在建筑N朝向，最低值出现在建筑ESE、SE朝向；波动最剧烈的一次出现在建筑由NNW朝向转为N朝向，差值为3次/h。

但观察图4-7所示纵坐标可以发现，建筑的换气次数数值较大，平均为39.2次/h，若将一个标准层看作一个房间，远高于规范要求的"单个房间换气次数不小于2次/h"，这表明在北京地区建筑自然通风的潜力很大；而不同朝向下的平均换气次数最大差值与平均值之比为0.10，表明在北京地区朝向对自然通风潜力的影响并不明显。

从平均换气次数来看，北京地区最有利于自然通风的朝向为N向，即建筑有较多分隔的一侧朝向正北，这与人们的日常认知基本一致。据表4-2观察此朝向下最大风频的两个方向ESE（9.3%）、SW（8.8%）空气龄云图及风速云图（图4-8、图4-9），可看出此朝向下建筑大部分时间的大部分房间通风状况良好。

图 4-7
平均换气次数随建筑朝向变化折线图
（资料来源：宋修教绘制）

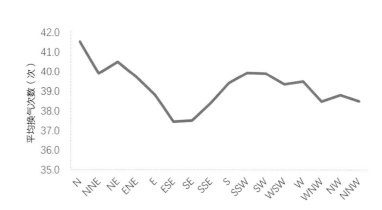

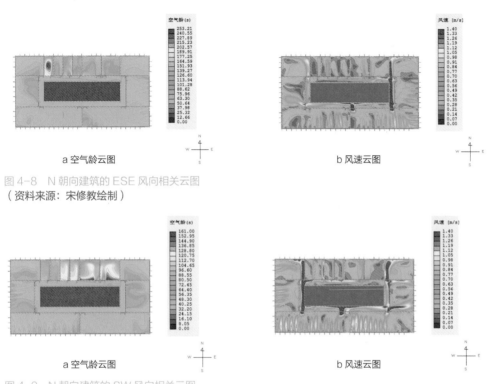

图4-8 N朝向建筑的 ESE 风向相关云图
（资料来源：宋修教绘制）

图4-9 N朝向建筑的 SW 风向相关云图
（资料来源：宋修教绘制）

4.3.2 平均换气次数随风向变化的结果分析

图4-10（a）N朝向建筑在各方向风况下的换气次数，看到最低值出现在风向E，为19.7次/h，最高值出现在SSW，为57.3次/h，换气次数绝对值变化较大。这表明，在北京地区风向对自然通风潜力的影响很大。观察图4-10（b），可以看到换气次数随角度的变化呈现哑铃形，即在旋转360°过程中，有两个最佳角度和两个最不利角度，但并非符合日常认知的完全垂直于建筑长边的风向N/S和平行于建筑长边的风向W/E，而是偏转了22.5°。

　　将其他不同朝向建筑的各风况下换气次数雷达图一一列出，如图4-11所示，观察其换气次数最佳的方向与建筑长边朝向的偏角、换气次数最差的方向与建筑短边朝向的偏角。结果表明，五处最佳风向有22.5°的偏角，推测原因为各向风速不一导致的偏差，但总体结果符合认知，即风向垂直于建筑长边时自然通风效果最好，风向平行于建筑长边时自然通风效果最差，如表4-3所示。

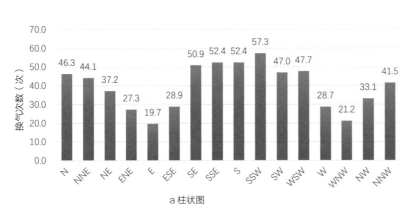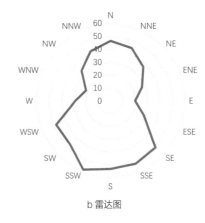

图 4-10　N 朝向建筑的平均换气次数随风向变化图
（资料来源：宋修教绘制）

图 4-11　不同朝向的建筑在各向风况下的换气次数雷达图
（资料来源：宋修教绘制）

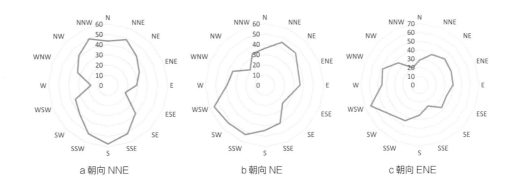

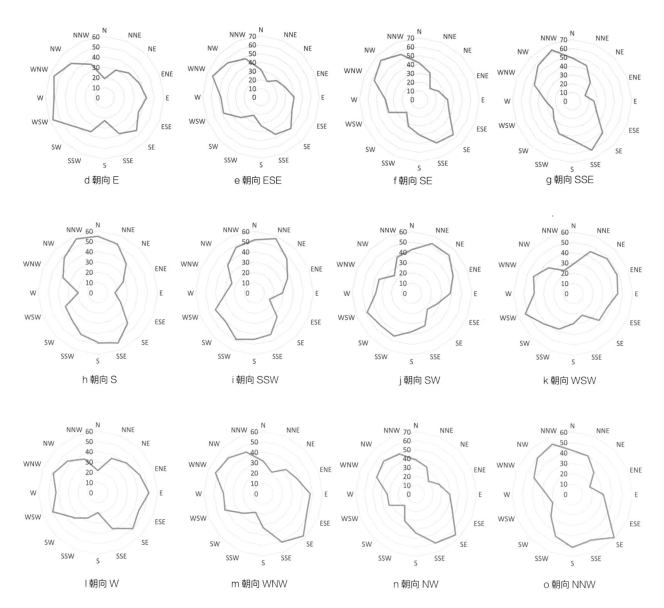

图 4-11 不同朝向的建筑在各向风况下的换气次数雷达图（续）
（资料来源：宋修教绘制）

不同朝向的建筑最佳风向与最不利风向统计表

表4-3

建筑朝向	N	NNE	NE	ENE	E	ESE	SE	SSE	S	SSW	SW	WSW	W	WNW	NW	NNW
最佳风向	NNE/SSW	N/S	SW/NE	WSW/ENE	E/W	SE/NW	NW/SE	SSE/NNW	N/S	SSW/NNE	NE/SW	WSW/ENE	W/E	SE/NW	NW/SE	SE/NW
最佳风向角(°)	22.5	-22.5	0	0	0	22.5	0	0	0	0	0	0	0	22.5	0	22.5
最不利风向	E/W	W/E	NW/SE	NNW/SSE	N/S	NNE/SSW	SW/NE	ENE/WSW	W/E	WNW/ESE	SE/NW	SSE/NNW	N/S	NNE/SSW	SW/NE	ENE/WSW
最不利风向角	0	0	0	0	0	0	0	0	0	0	0	0	0	0	0	0

（资料来源：宋修教绘制）

4.3.3 平均换气次数随风速变化的结果分析

筛选表4-2中建筑朝向与风向夹角为0、22.5°、45°、67.5°、90°五种有代表性的情况，比较建筑的自然通风随风速变化的结果，如表4-4~表4-8所示，并绘制散点，如图4-12所示。可以看出，换气次数随风速增大而增加，且呈一次线性正相关变化，夹角决定斜率。

建筑朝向与风向夹角为0的换气次数随风速变化的结果统计表

表4-4

建筑朝向	N	NNE	NE	ENE	E	ESE	SE	SSE	S	SSW	SW	WSW	W	WNW	NW	NNW
风向	N	NNE	NE	ENE	E	ESE	SE	SSE	S	SSW	SW	WSW	W	WNW	NW	NNW
风速（m/s）	2.3	2.4	2.2	2.0	2.1	2.0	2.7	2.8	2.4	2.4	2.2	2.6	2.1	2.6	2.6	2.6
换气次数（次）	46.3	48.4	44.3	40.3	42.3	40.3	55.9	60.3	48.4	48.4	44.3	52.3	42.3	52.3	52.3	52.3

（资料来源：宋修教绘制）

建筑朝向与风向夹角为22.5°的换气次数随风速变化的结果统计表 表4-5

建筑朝向	N	NNE	NE	ENE	E	ESE	SE	SSE	S	SSW	SW	WSW	W	WNW	NW	NNW
风向	NNE	NE	ENE	E	ESE	SE	SSE	S	SSW	SW	WSW	W	WNW	NW	NNW	N
风速（m/s）	2.4	2.2	2.0	2.1	2.0	2.7	2.8	2.4	2.4	2.2	2.6	2.1	2.6	2.6	2.6	2.3
换气次数（次）	44.1	40.5	36.8	39.3	36.8	50.9	53.0	44.1	44.1	40.5	48.7	39.3	48.7	48.7	48.7	42.3

（资料来源：宋修教绘制）

建筑朝向与风向夹角为45°的换气次数随风速变化的结果统计表 表4-6

建筑朝向	N	NNE	NE	ENE	E	ESE	SE	SSE	S	SSW	SW	WSW	W	WNW	NW	NNW
风向	NE	ENE	E	ESE	SE	SSE	S	SSW	SW	WSW	W	WNW	NW	NNW	N	NNE
风速（m/s）	2.2	2.0	2.1	2.0	2.7	2.8	2.4	2.4	2.2	2.6	2.1	2.6	2.6	2.6	2.3	2.4
换气次数（次）	37.2	34.1	36.1	34.1	45.5	46.1	40.1	40.1	37.2	43.4	36.1	43.4	43.4	43.4	38.4	40.1

（资料来源：宋修教绘制）

建筑朝向与风向夹角为67.5°的换气次数随风速变化的结果统计表 表4-7

建筑朝向	N	NNE	NE	ENE	E	ESE	SE	SSE	S	SSW	SW	WSW	W	WNW	NW	NNW
风向	ENE	E	ESE	SE	SSE	S	SSW	SW	WSW	W	WNW	NW	NNW	N	NNE	NE
风速（m/s）	2.0	2.1	2.0	2.7	2.8	2.4	2.4	2.2	2.6	2.1	2.6	2.6	2.6	2.3	2.4	2.2
换气次数（次）	27.3	28.7	27.3	36.7	38.2	32.8	32.8	30.1	35.4	28.7	35.4	35.4	35.4	31.4	32.8	30.1

（资料来源：宋修教绘制）

建筑朝向与风向夹角为90°的换气次数随风速变化的结果统计表 表4-8

建筑朝向	N	NNE	NE	ENE	E	ESE	SE	SSE	S	SSW	SW	WSW	W	WNW	NW	NNW
风向	E	ESE	SE	SSE	S	SSW	SW	WSW	W	WNW	NW	NNW	N	NNE	NE	ENE
风速（m/s）	2.1	2.0	2.7	2.8	2.4	2.4	2.2	2.6	2.1	2.6	2.6	2.6	2.3	2.4	2.2	2.0
换气次数（次）	19.7	18.7	25.3	26.2	22.5	22.5	20.6	24.3	19.7	24.3	24.3	24.3	21.6	22.5	20.6	18.7

（资料来源：宋修教绘制）

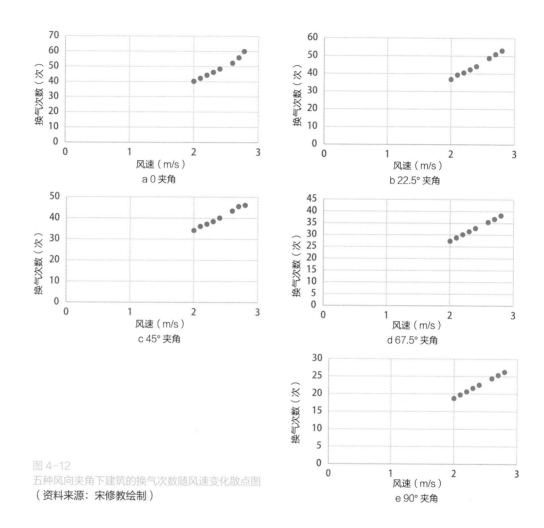

图 4-12
五种风向夹角下建筑的换气次数随风速变化散点图
（资料来源：宋修教绘制）

4.4 形体－风适应机理的结论与设计策略

　　本章的结论包括：①北京地区最有利于自然通风的建筑朝向为正南北向，但朝向对自然通风潜力的影响并不明显。以往过于依赖主导风向的设计有待商榷。②风向对自然通风的影响很大，风向垂直于建筑最有利，平行于建筑最不利。可以通过智能窗扇的设计引导来矫正风的入射夹角，改善自然通风。③建筑的自然通风换气次数随风速变化呈一次线性变化。

参考文献

[1] 章宇峰，林波荣，朱颖心. 自然通风与建筑热模型的耦合模拟研究[C]. 全国建筑物理学术会议. 2004.

[2] 郭卫宏，刘骁，袁旭. 基于CFD模拟的绿色建筑自然通风优化设计研究[J]. 建筑节能，2015（9）：54-61.

[3] 张潇. 湿热地区可通风中庭屋顶优化设计研究[D]. 广州：华南理工大学，2013.

[4] 刘庆. 自然通风下门窗开启对室内环境的影响研究[D]. 重庆：重庆大学，2014.

[5] 肖葳. 适应性体形绿色建筑设计空间调节的体形策略研究[D]. 南京：东南大学，2018.

[6] 中华人民共和国住房和城乡建设部. 城市居住区热环境设计标准：JGJ 286—2013[M]. 北京：中国建筑工业出版社，2014.

[7] 连璐，张悦，程晓喜，等. 绿色公共建筑的形体空间气候适应性机理及其若干关键指标研究综述[J]. 世界建筑，2019（12）：121-125，128-129.

[8] 中华人民共和国住房和城乡建设部. 建筑设计防火规范：GB 50016—2014[M]. 2018年版. 北京：中国计划出版社，2018：63.

[9] 中华人民共和国住房和城乡建设部. 公共建筑节能设计标准：GB 50189—2015[M]. 北京：中国建筑工业出版社，2015.

[10] 中华人民共和国住房和城乡建设部. 民用建筑热工设计规范：GB 50176—2016[M]. 北京：中国建筑工业出版社，2016.

[11] 国家技术监督局，中华人民共和国建设部. 建筑气候区划标准：GB 50178—93[M]. 北京：中国计划出版社，1994.

[12] 中国气象局气象信息中心气象资料室，清华大学建筑技术科学系. 中国建筑热环境分析专用气象数据集[M]. 北京：中国建筑工业出版社，2005.

[13] 李百战，杨旭，陈明清，等. 室内环境热舒适与热健康客观评价的生物实验研究[J]. 暖通空调，2016，46（5）：94-100.

[14] 中华人民共和国住房和城乡建设部. 绿色建筑评价标准：GB 50378—2019[M]. 北京：中国建筑工业出版社，2019.

[15] P. J. 罗奇. 计算流体力学. 钟锡昌，刘学宗，译. 北京：科学出版社，1983.

[16] 中华人民共和国住房和城乡建设部. 民用建筑绿色性能计算标准：JGJ/T 449—2018[S]. 北京：中国建筑工业出版社，2018.

第 5 章

关键机理探索:『形体—热适应』研究

针对公共建筑节能设计标准中"建筑应选择本地区最佳朝向"的相关定性规定与建筑师约定俗成的南北向布局做法，选取哈尔滨、北京、上海、广州四座太阳轨迹与辐射量不同的城市，使用DeST软件模拟方法，对同一典型办公建筑模型进行12个角度朝向旋转，模拟计算全年累计冷负荷与全年累计热负荷数据，以定量分析不同地域气候下建筑朝向变化对建筑冷热负荷的影响程度。据研究发现，在已有绿色建筑标准的体形系数、窗墙比及围护结构热工性能要求约束下，改变建筑朝向带来的建筑冷热负荷改善作用有限，各城市的相差值多在4%以内，负荷量相差不超过$3kW \cdot h/m^2$，北方城市建筑冷热负荷受朝向影响比南方城市略明显。

5.1 国内外研究趋势综述与本研究定位

降低建筑能耗是我国有效节约能源、保护环境、实现可持续发展的核心举措之一，建筑能耗与建筑朝向有着密切关系，合理利用日照能够供给建筑热量、减少围护结构热损失、缩短房间人工照明时间等，对建筑节能有着重要意义。调研发现，大多数被动式太阳能技术的书籍、用户手册和设计指南都建议建筑应该朝南[1]。因此，建筑师在进行地域气候适应性设计时通过调整建筑形体与朝向影响建筑对太阳能的吸收与转换，已经成为约定俗成的绿色建筑设计手法之一。

我国自1986年颁布了第一部城镇建筑节能设计标准之后陆续出台、更新了针对不同气候区和建筑类型的建筑节能设计标准，各省市也自行编制有地方性建筑节能设计标准，其中均含有"单体建筑的主体朝向宜采用当地最佳朝向"[2]及"建筑的主朝向宜采用南北向或接近南北向"[3]等类似描述。现行《公共建筑节能设计标准》GB 50189—2015[4]中涉及建筑朝向的相关描述有"建筑宜选择本地区最佳朝向或适宜朝向，尽量避免东西向日晒"等，也表明建筑形体朝向设计需考虑日照因素，但对不同地域气候区建筑朝向的限制并未有定量规定。因此，通过定量分析明确不同地域气候下不同朝向对建筑节能的影响程度，对验证最佳朝向的存在及其贡献度、验证长期以来"建筑南北向最节能"的认知、更好地指导建筑师进行形体布局设计具有重要意义。

当前关于建筑朝向对建筑节能影响程度的定量模拟研究得到不断积累和丰富，其中主要研究包括：有学者[5]以尼日利亚伊巴丹市区的三栋教学楼为研究对象，研究适当的建筑朝向对能耗需求的影响，发现相较于东西向，矩形建筑物的较大立面朝向南北向使得总负荷降低7.96 kW·h /年（4.87%）；另有学者[6]通过对上海10个办公园区136座低层办公建筑的实测统计与相关性分析，发现建筑朝向的皮尔森相关系数为0.3684；姜益强等[7]对矩形办公建筑某一层进行12次旋转模拟其在北京的耗能情况，发现夏季总制冷能耗最大变化幅度3.91%，冬季总采暖能耗最大变化幅度28.65%，全年总能耗最大变化幅度3.87%；周思童等[8]在武汉气候条件下对一栋矩形办公建筑进行8次旋转模拟，发现随着朝向角度的增大，建筑总能耗先减小后增大，在南向90°和南向270°时达到最低；苑翔等[9]对某一办公建筑模型在上海气象参数下进行旋转模拟，发现建筑朝向东、西方向时，由于太阳的入射角度较小，照射到室内的太阳辐射得热量较大；连小鑫[10]通过对厦门地区办公建筑能耗模拟分析，发现与建筑最不利朝向相比，最佳朝向能够减少7%的建筑能耗等。通过文献综述与分析，本研究发现在以上研究中存在着基础模型的建筑规范性不足，以及旋转时各向窗墙比数值不同、旋转时未控制其他变量、围护结构热工参数设置不达标①、模拟结果多以百分比呈现而未直接比较能耗或冷热负荷数值等问题，从而导致结论的精确性不足，使得对建筑设计应用的指导性还有待进一步加强和完善。

以上国内外相关研究多以单一城市的相关参数为主，开展跨气候区比较的研究较少，其中包括：有学者[11]研究了一平面为正方形的办公建筑在亚洲五座典型气候区城市不同窗户朝向条件下的年度采暖和制冷能耗变化情况，发现马尼拉和中国台北窗户系统朝北能实现最大限度节能，而在上海、首尔、札幌建筑朝南向开窗最节能等，

---

① 《公共建筑节能设计标准》GB 50189—2015 中规定第 3.3.1 条（甲类公共建筑围护结构热工性能）为强制性条文，必须严格执行。

但该研究的研究对象为窗户系统朝向，与建筑朝向存在一定差异；同时，此类跨气候区的比较研究数量很少，因而对建筑师在不同地域气候条件下开展建筑实践缺乏系统性指导。

另外，由于城市环境中建筑间通常存在相互日照遮挡干扰的情况，不少学者也开展了关于周边环境干扰对朝向日照模拟影响的相关研究。其中，卢丽等[12]与窦成良等[13]均发现5或6层的低层建筑南北方向距离30m左右时，建筑互遮挡对建筑空调负荷的影响较小。此外，笔者也针对北京典型城市街区与园区案例进行了模拟对比研究，结果显示在增加周边环境之后，建筑负荷数值稍有变化，但是对朝向的敏感程度仅变化0.4%左右。以上研究均表明，现有建筑规范下的典型城市环境中，建筑相互之间的影响对建筑不同朝向的能耗差异的干扰并不显著。

基于以上综述，本章聚焦于研究太阳辐射得热对建筑冷热负荷影响，探索从建筑师设计视角下进行建筑朝向的单变量深入分析。尝试在锁定建筑体形系数、各向窗墙比、窗墙热工性能等其他条件的前提下，通过旋转建筑朝向，模拟各朝向下建筑的全年累计冷热负荷及其总和，实现对变量控制更精准与更细致地分析建筑朝向和冷热负荷的相关性。同时，研究选取了四个典型地域气候的哈尔滨、北京、上海、广州进行横向比较，定量分析和比较不同地域气候区建筑朝向对建筑节能的影响程度。

5.2 建筑朝向建模设计与热环境模拟评价的参数选择

5.2.1 不同地域城市的气候参数

在哈尔滨、北京、上海、广州四座城市中，北方城市月均太阳辐射量高于南方城市。由北向南太阳高度角逐渐升高，冬季日照时间逐渐增长，夏季最高温度相似但高温时段逐渐增长，冬季平均温度存在明显差异。另外，参数选取中也考虑了所在城市常年阴晴云雨天气情况对太阳辐射的影响（图5-1）。

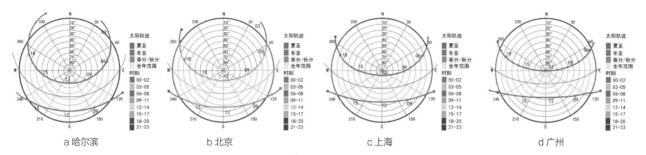

a 哈尔滨　　　　　　　　b 北京　　　　　　　　c 上海　　　　　　　　d 广州

图 5-1　四座城市的太阳轨迹图
（资料来源：李榕榕根据 https://www.sunearthtools.com/index.php 中太阳轨迹图重新绘制）

图 5-2
四座城市月均太阳辐射
量、月平均温度图 [1]
（资料来源：李榕榕
绘制）

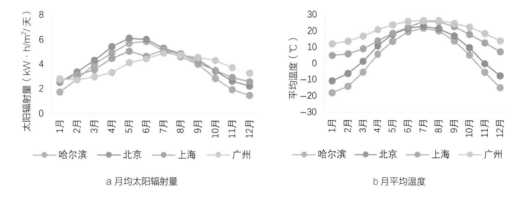

a 月均太阳辐射量　　　　　　　　　　b 月平均温度

　　　为减少周边环境对研究的干扰，更好地总结建筑朝向改变带来的太阳辐射得热变化对建筑冷热负荷影响机理，本章仅考虑不同地域城市的整体气候条件，模拟时并未采用任一具体的城市建筑群环境[2]（图5-2）。

① 数据来源于 https://www.sunearthtools.com/index.php。
② 经对照模拟，增加城市环境对建筑冷热负荷的影响在 0.4% 左右，故本研究结论适用于一般城镇建筑群密度下的办公建筑。对于极高密度、建筑间互遮挡情况严重的城市环境，需要另行研究讨论。

5.2.2 典型公共建筑的模型建立

　　本章模拟确定以典型矩形平面作为基本模型的平面形状，主要依据包括：首先，通过统计发现最新版《建筑设计资料集》办公建筑分册中的多层办公建筑实例有7/9均为矩形平面标准层；其次，通过在四座城市最新的代表性公共建筑建设实践区中选取面积1km²地块统计，发现双面走廊矩形平面的建筑占比最大并高达约67%；再次，且考虑到矩形平面对称性弱，相对于方形、圆形、三角形等进行旋转时对朝向更为敏感①。综上所述，本研究选择典型矩形平面进行建模，且模拟时不考虑房间之间的热传递，模型平面不设置门洞口。为降低建筑表皮凹凸、建筑遮阳体系、阳台、雨篷等构件带来的干扰，将模拟模型立面简化为平整矩形，未设置遮阳构件。

　　基于公共建筑设计的相关规范与建筑师经验，建模建筑进深30m，面宽58.8m，层数为6层②，首层层高5.8m，2～6层层高4.2m，体形系数0.138，属于甲类公共建筑。建筑平面按照中央核心筒和周围标准柱跨办公空间布置；建筑立面开窗为窗台高1.2m、窗高2.1m的水平长窗。模型符合《公共建筑节能设计标准》GB 50189—2015中第78页3.2.2节有关窗墙比的规定："严寒地区不宜超过0.6，其他地区不宜超过0.7"[14]，以及符合四座城市地方性公共建筑绿色设计标准特别是上海市《公共建筑绿色设计标准》DGJ 08—2143—2018中第17页6.3.6节有关窗墙比的规定："单一立面窗墙比不宜大于0.5"[15]，综合确定模型四个方向窗墙比均为0.5（图5-3）。

　　本章将建筑朝向角度变化以南北朝向和东西朝向为基准分为两组，以15°为梯度共进行12次角度旋转（图5-4）。

---

① 经对照模拟，方形平面办公建筑 180° 旋转模拟全年累计冷热负荷变化率分别是 2.07% 和 3.56%，正三角形平面办公建筑 180° 旋转模拟全年累计冷热负荷变化率分别是 0.95% 和 0.7%，相对于矩形平面变化更为微弱，但也体现出对朝向变化的不敏感性。

② 为避免建筑高度引起的误差，笔者对北京相同边界条件下的 26 层高层建筑进行了对照模拟。全年累计冷热负荷的最不利角度和最有利角度均与 6 层建筑相同，全年累计冷热负荷的最大、最小值差值分别为 2.91kW·h、2.05kW·h，变化率分别为 5.36%、8.27%，与 6 层建筑模拟结果也相似，证明本实验采用多层建筑基本模型得到的朝向与负荷的相关关系具有普适性。

图 5-3　用于模拟的典型公共建筑（办公类）模型示意图
（资料来源：李榕榕绘制）

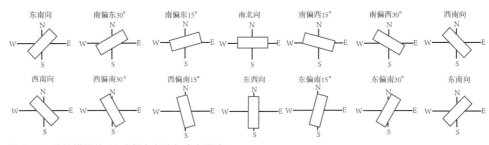

图 5-4　建筑模拟的 12 个朝向角度与命名示意
（资料来源：李榕榕绘制）

5.2.3　DeST模拟参数设置

建筑围护结构热工参数主要根据《公共建筑节能设计标准》GB 50189—2015对不同气候区四座城市的甲类公共建筑特定体形系数和窗墙面积比条件下的限值设定[①]。室内热扰参数中设定人员密度为0.1人/m²，新风量为30m³/（h·人），灯光功率为9W/m²，设备功率为15W/m²。根据办公建筑周一到周五上班，周末双休的作息时间特性设置

---

① 　　　　　　　　　　　　　　模拟建筑围护结构热工性能表

围护结构部位	传热系数			
	哈尔滨	北京	上海	广州
屋面	0.28	0.354	0.462	0.59
外墙	0.35	0.41	0.381	1.19
外窗	1.9	2.2	2.0	2.7
地板	0.49	0.49	0.49	0.49
内墙	1.27	1.27	1.27	1.27
围护结构部位	太阳得热系数			
	哈尔滨	北京	上海	广州
外窗	0.521	0.43	0.35	0.35

人员、设备、灯光的作息时间[①]。采暖季与制冷季时间按照各气候区城市实际情况[②]设置，采暖控制温度为18℃，空调控制温度为26℃。

5.3 建筑朝向−热适应的模拟结果与数据分析

将模型在四座城市分别旋转12次朝向角度模拟建筑负荷共得到全年累计冷负荷、全年累计热负荷、采暖季负荷、制冷季负荷共192组模拟结果。考虑到建筑师进行设计决策需要权衡建筑冷负荷与热负荷综合判断，将全年累计冷热总负荷进行总和相加（表5-1），通过分析可以归纳得到以下结论。

---

① 模拟人员、照明与设备作息时间表

指标	8:00~9:00	9:00~12:00	12:00~14:00	14:00~18:00	18:00至次日8:00
人员逐时在室率	0.5	0.95	0.8	0.95	0.1
照明使用率	0.5	0.95	0.8	0.95	0.1
电器设备使用率	0.5	0.95	0.5	0.95	0.1

② 典型城市采暖季和制冷季时间划分

城市	采暖季	制冷季
哈尔滨	10月17日至次年4月10日	6月12日至次年8月9日
北京	11月12日至次年3月14日	6月12日至次年9月2日
上海	12月22日至次年2月9日	6月19日至次年9月24日
广州	—	5月6日至次年10月17日

哈尔滨、北京、上海、广州不同建筑朝向模拟下的建筑全年累计冷热负荷数据、采暖制冷季负荷数据　表5-1

能耗指标	全年累计热负荷（kW·h/m²）				全年累计冷负荷（kW·h/m²）				全年累计冷热负荷总和（kW·h/m²）			
城市	哈尔滨	北京	上海	广州	哈尔滨	北京	上海	广州	哈尔滨	北京	上海	广州
东南向	91.29	56.18	17.23	—	22.03	62.08	100.23	111.33	113.32	118.26	117.46	111.33
南偏东30°	90.63	55.53	17.07	—	21.39	61.14	99.51	110.82	112.02	116.67	116.58	110.82
南偏东15°	90.1	54.97	16.92	—	20.8	60.15	98.53	110.22	110.9	115.12	115.45	110.22
南北向	90.13	54.93	16.92	—	20.65	59.96	98.21	110.03	110.78	114.89	115.13	110.03
南偏西15°	90.78	55.56	17.06	—	20.91	60.62	98.77	110.37	111.69	116.18	115.83	110.37
南偏西30°	91.73	56.52	17.27	—	21.46	61.62	99.69	110.97	113.19	118.14	116.96	110.97
西南向	92.29	57.1	17.37	—	21.93	62.25	100.35	111.41	114.22	119.35	117.72	111.41
西偏南30°	92.18	57.03	17.3	—	22.16	62.42	100.5	111.52	114.34	119.45	117.8	111.52
西偏南15°	91.78	56.67	17.19	—	22.24	62.31	100.34	111.42	114.02	118.98	117.53	111.42
东西向	91.54	56.4	17.16	—	22.36	62.29	100.27	111.52	113.9	118.69	117.43	111.52
东偏南15°	91.54	56.38	17.2	—	22.45	62.46	100.44	111.47	113.99	118.84	117.64	111.47
东偏南30°	91.59	56.45	17.26	—	22.41	62.51	100.56	111.53	114	118.96	117.82	111.53

（资料来源：李榕榕绘制）

5.3.1 朝向变化对全年累计冷热负荷总量的影响

综合分析各气候区城市全年累计热负荷与全年累计冷负荷随朝向变化的情况，如图5-5所示，可发现气候区之间全年累计冷热负荷值存在明显数量级差异。哈尔滨、北京、上海全年累计热负荷大致呈现5∶2∶1的倍数关系（广州冬季无热负荷），哈尔滨、北京、上海、广州全年累计冷负荷大致呈现1∶3∶5∶5的倍数关系，这明显是地域气候中温湿度的差异带来的影响。相比不同气候区之间的差异，同一气候区由朝向变化引起的建筑全年累计冷热负荷曲线变化较平缓，其中全年累计冷负荷相差百分比为哈尔滨8.72%、北京4.25%、上海2.39%、广州1.36%，全年累计热负荷相差百分比为哈尔滨2.43%、北京3.95%、上海2.66%，全年累计冷热负荷之和的相差百分比为哈尔滨

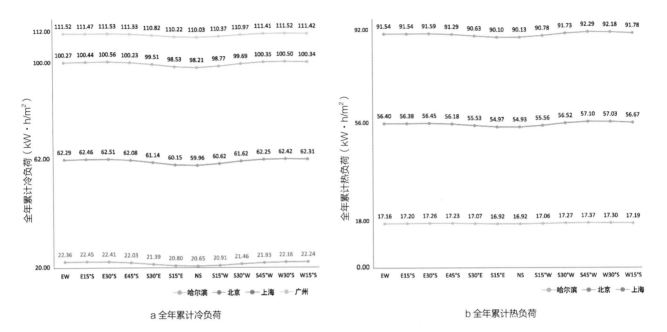

a 全年累计冷负荷　　　　　　　　　　　　　　b 全年累计热负荷

图 5-5　建筑全年累计冷、热负荷随朝向变化折线图
（资料来源：李榕榕绘制）

3.21%、北京3.97%、上海2.34%、广州1.36%。

　　而观察各气候区城市全年累计冷热负荷总和随朝向变化的情况，如图5-6所示，可发现四座城市全年累计冷热总和相近，均在110～115 kW·h/m²，冷热负荷总和随朝向变化的相差量变化均不超过3kW·h/m²，这说明公共建筑节能设计标准中对体形系数、围护结构热工参数等的既有约束比较严格有效，使得公共建筑全年总负荷保持在一定水平，不随气候差异和朝向差异发生明显变化。

　　以上表明，在严格按照公共建筑节能设计标准要求确定体形系数、窗墙比、围护结构热工参数的前提下，改变建筑朝向引起的建筑冷热负荷变化不显著。或者说，与建筑设计中造型设计导致体形系数变化、表皮设计导致窗墙比变化等因素相比，建筑朝向选择不是影响建筑冷热负荷变化的关键性控制要素。

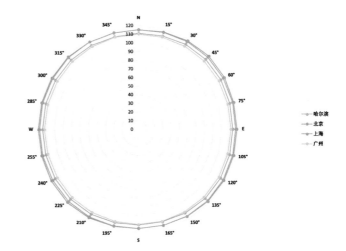

图 5-6
建筑全年累计冷热负荷总和
随朝向变化图
（资料来源：李榕榕绘制）

5.3.2 从挖掘节能潜力的角度考虑最佳建筑朝向

　　单独绘制各城市全年累计冷热负荷总和随朝向变化图[①]（图5-6），可发现哈尔滨的最佳朝向约为南北向至南偏西15°范围，最不利朝向约为西偏南30°~45°范围；北京的最佳朝向为南北向，最不利朝向为西偏南30°~45°范围；上海的最佳朝向为南北向，最不利朝向为东偏南15°~30°及西偏南30°~45°范围；广州的最佳朝向为南北向，最不利朝向为东西向±45°偏转范围。

　　以上说明各城市"相对最佳朝向"均为南北向，符合当前各类建筑规范的定性要求以及中国建筑师及建筑使用者的习惯认识。另外，还可说明"相对不利朝向"在上海、广州为例的南方城市中主要表现为东西向±（30°~45°）的一个较大范围；而在北京、哈尔滨为例的北方城市中则表现为东西向范围内朝西南方向更为不利，其主要由冬季热负荷导致。

---

① 由于实验模型平面与立面均对称布置，因此未模拟旋转180°~360°的数据，制图时将0°~180°旋转模拟得到的数据进行中心对称。

5.3.3 南北方城市中建筑冷热负荷受朝向变化的影响比较

通过对以上模拟结果的数据进行均值方差分析（图5-7、图5-8），可以看到相对而言，以北京、哈尔滨为例的北方城市建筑的冷热负荷量随朝向变化幅度更大，影响更为明显，因此在这些北方城市中建筑朝向的选择对于建筑节能而言更为重要一些。

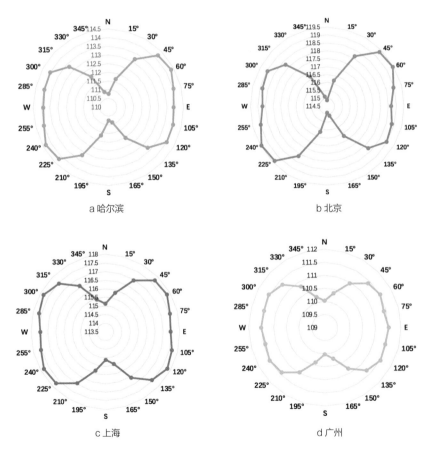

图 5-7 四座城市建筑全年累计冷热负荷总和随朝向变化折线图
（资料来源：李榕榕绘制）

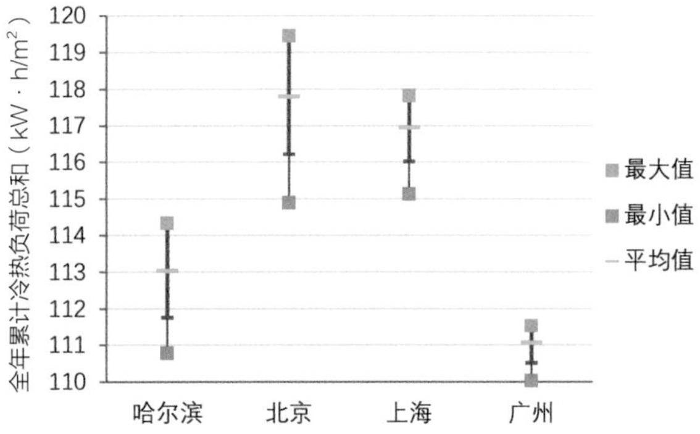

图 5-8
四座城市不同建筑朝向模拟
下的全年累计冷热负荷总和
的均值方差图
（资料来源：李榕榕绘制）

5.4 形体－热适应机理的结论与设计策略

5.4.1 城市甲类公共建筑设计

以上"建筑朝向变化对建筑全年累计冷热负荷总量的影响较小"结论取得的前提是，锁定其他变量条件下对"建筑朝向"单变量进行影响机理的模拟研究，所以未考虑体形系数、窗墙比等参数综合作用对建筑能耗的影响。如再综合其他学者的相关研究，可发现最佳窗墙比对建筑能耗的影响大于建筑朝向的影响[①][16]，而建筑负荷也与体形系数呈更显著的相关关系[17]。

因此，在适用于公共建筑节能设计标准的甲类公共建筑（单栋面积大于300m²的建筑或总面积大于1000m²的建筑群）中，由于其在建筑体形系数、窗墙比、围护结构热工性能等方面受到较为严格的标准约束，建筑冷热负荷已经被控制在一定范围内，因而导致建筑朝向因素对建筑冷热负荷的影响变得较为有限。因此，建筑师在建筑创作中的朝向选择上相对可更自由，在实践应用上也往往呈现出如图5-9所示各城市新建城区的更大灵

---

① 徐燊等在《五种气候区条件下建筑窗墙比对建筑能耗影响的参数研究》中发现，哈尔滨、北京、昆明、广州最优窗墙比节能效益分别为6.5%、6.0%、2.8%、2.5%。

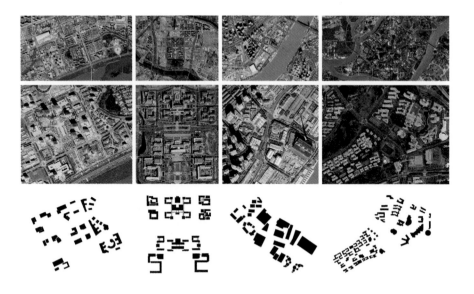

图 5-9
哈尔滨科技创新城、北京通州城市副中心行政办公区、上海世博会最佳城市实践区、广州大学城广州中医药大学新校区建筑朝向形态图
（资料来源：李榕榕绘制）

活性。例如，上海世博会最佳城市实践区展示出完整的城市街区中各类建成环境要素，园区建筑在强调气候适应性、形体适应性和功能适应性的改造中，对朝向角度的选择非常灵活，营造出丰富的街区形态；北京通州城市副中心行政办公楼群，其南北向与东西向的建筑数量之间差异不大，在功能使用上也没有明显等级差异；对广州大学城广州中医药大学新校区进行建筑底图提取也可发现建筑群具有南偏东、南北向以及东西向、南偏西等多种方向组合；而哈尔滨科技创新城片区的建筑朝向在南偏东、东偏南、西偏南20°~45°范围也存在多样变化，且各方向建筑数量基本一致，无明显趋向性。

5.4.2 乡村及旧改小型建筑设计

在节能设计标准约束较为宽松的乙类小型公共建筑（如乡村建筑设计、历史传统建筑保护、老旧建设改造等）中，由于其在体形系数、窗墙比、围护结构热工性能等方面的不足或天然缺陷，建筑朝向选择的重要性将大大提升，不利朝向带来的负荷变化的影响效应也会放大，在实践应用上则呈现出如图5-10所示各城市老城区或乡村建筑注

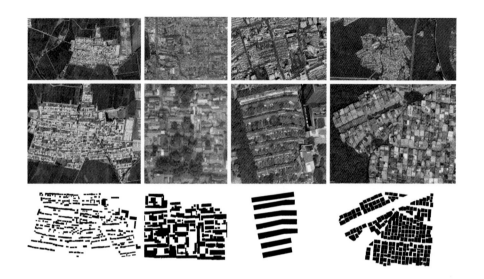

图 5-10
哈尔滨胜利村、北京帽儿胡同、上海长乐村、广州小洲村建筑朝向形态图
（资料来源：李榕榕绘制）

重尽量争取南北向，或建筑南北向与东西向之间等级差异明显。例如，哈尔滨由于气候寒冷，为了更多采纳阳光，其民居普遍沿东西方向形成横排，虽有东西向房屋，但规模和数量均远远小于正南北向房屋；同为北方民居的北京四合院也十分注重坐北朝南的格局以便争取冬日阳光，院落中北房和西房朝向较好，是比较理想的居住方位，南房和东房的地位要低许多；以上海长乐村为代表的密集式石库门里弄住宅群同样尽量朝南，其中狭窄天井提供采光也避免夏季过热等；而广州小洲村房屋的布局非常紧凑，成片的住宅没有明显的一致朝向，这主要是因为广州处于夏热冬暖地区，传统建筑的主要任务是遮阳防热，几乎不必考虑冬季保暖，建筑朝向受通风因素的影响大于日照因素，因此民居组群不必追求院落朝南的规整布局。

最后需要补充说明的是，由于建筑朝向改变带来的采光照明、通风、紫外线照射等条件变化，也会对人类使用和建筑性能产生影响，但并非本章研究以及建筑能耗贡献的重点，因此未作讨论。此外，"阳光房"等被动式建筑注重利用太阳得热节能的建筑设计方法，与朝向的关系也十分紧密，但因其特殊的窗墙比以及建筑平面与构造形式，也暂未纳入本研究的范围。以上均可予以后续扩展研究与补充。

参考文献

[1] LITTLEFAIR P. Daylight, sunlight and solar gain in the urban environment [J]. Solar Energy, 2001, 70(3): 177–85.

[2] 吉林省住房与城乡建设厅. 吉林省工程建设地方标准 公共建筑节能设计标准（节能65%）: DB22/JT 149—2016[S]. 长春: 吉林人民出版社, 2016: 4.

[3] 北京市规划委员会, 北京市质量技术监督局. 北京市公共建筑节能设计标准: DB11／687—2015[S]. 2015: 8.

[4] 中华人民共和国住房和城乡建设部. 公共建筑节能设计标准: GB 50189—2015[S]. 北京: 中国建筑工业出版社, 2015: 6.

[5] ODUNFA K M, OJOL T O, ODUNFA V O, et al. Energy Efficiency in Building: Case of Buildings at the University of Ibadan, Nigeria [J]. Journal of Building Construction and Planning Research, 2015(3): 18-26.

[6] HONG Y, EZEH C I, DENG W, et al. Correlation between Building Characteristics and Associated Energy Consumption: Prototyping Low-rise Office Buildings in Shanghai [J]. Energy & Buildings, 2020, 217: 1-13.

[7] 姜益强, 张志强, 姚杨, 等. 用EnergyPlus模拟检验影响节能办公建筑的因素[J]. 建筑科学, 2006, 22（6A）: 22-26.

[8] 周思童, 沈意, 孙奇, 等. 基于DeST-C对武汉地区办公建筑能耗影响因素的研究[J]. 中国科技信息, 2019, （17）: 70-72.

[9] 苑翔, 龙惟定, 张洁. 建筑体形参数与外扰因素影响下冷负荷的相关性分析[J]. 中南大学学报（自然科学版）, 2010, 41（5）: 1821-1827.

[10] 连小鑫. 厦门地区办公建筑围护结构能耗研究与分析[J]. 建筑热能通风空调, 2015, 34（2）: 78-80.

[11] LEE J W, JUNG H J, PARK J Y, et al. Optimization of Building Window System in Asian Regions by Analyzing Solar Heat Gain and Daylighting Elements [J]. Renewable Energy, 2013, 50: 522-531.

[12] 卢丽, 宗通, 王国磊. 建筑遮挡对空调负荷影响的分析与探讨[J]. 中国住宅设施, 2011（2）: 54-57.

[13] 窦成良, 肖勇全. 建筑物互遮挡对负荷影响的模拟研究[J]. 山东建筑大学学报, 2010, 25（5）: 543-546.

[14] 中华人民共和国住房和城乡建设部. 公共建筑节能设计标准: GB50189-2015[S]. 北京: 中国建筑工业出版社, 2015: 78.

[15] 上海市住房和城乡建设管理委员会. 上海市工程建设规范公共建筑绿色设计标准: DGJ08-2143-2018 [S]. 上海: 同济大学出版社, 2019: 17.

[16] 徐燊, 江海华, 王江华. 五种气候区条件下建筑窗墙比对建筑能耗影响的参数研究[J]. 建筑科学, 2019, 35（4）: 91-95.

[17] 王烨, 孙鹏宝, 付银安, 等. 不同建筑热工分区办公建筑外围护结构负荷指标影响因素权重[J]. 土木建筑与环境工程, 2017, 39（1）: 7-12.

第 **6** 章

关键机理探索：『空间–风适应』研究

针对如何加强建筑师平面分隔设计以改善室内风环境的定量分析支撑等问题，通过构建进深不同、室内分隔疏密度连续变化的标准层平面模型矩阵，控制外窗开启扇洞口面积比变化，进行室内风环境模拟，以"标准层新风换气次数"为评价指标，分析模拟结果，发现平面空间分隔与室内通风性能的相关性规律，以及这一规律在不同外窗开启扇洞口面积比下的差异化表现。结论包括：控制进深较小、外窗开启洞口面积较大，有利通风；室内分隔疏密度对通风性能影响不明显，但室内有无分隔影响明显、且以2.5%的外窗开启扇洞口面积比为临界点呈现差异化表现。

6.1 国内外研究趋势综述与本研究定位

优良的室内自然通风有利于室内污浊气体与室外新鲜空气的置换、有利于过热季节的通风降温，进而提升人的体感舒适度、增进人与自然的融入感。近年来，随着中央城市工作会议提出的"适用、经济、绿色、美观"八字方针[①]，"绿色"越来越受到重视；随着"建筑师负责制"的落地，建筑师逐渐回归全设计流程的主导者角色。如何通过设计而非设备技术的手段来改善室内自然通风，成为一个研究热点。从建筑师做方案设计的流程来看，建筑的场地布局、组合方式、外观形态、室内平面空间划分等环节均可对建筑的室内外风环境产生影响，而室内平面空间划分对室内风环境的影响最为直接。

6.1.1 室内通风与内部空间分隔的相关研究

有关建筑室内空间设计与自然通风性能的研究集中在影响热压通风的单个大中庭的形状、多个中庭的组合方式、中庭与边庭组合应用、中庭进出风口尺度等，但对影

---

① 2015年12月召开的中央城市工作会议正式发布了"适用、经济、绿色、美观"的国家新时期建筑方针。

响风压通风的标准层空间划分要素如平面选型、平面组织方式及墙体疏密程度等研究不足。例如，肖毅强等研究了湿热地区有利通风的中庭侧庭组合方式、进出风口大小和位置对自然通风降温效果的影响[1]，邓孟仁等研究了超高层塔楼的腔体高度、进出风口大小和位置对室内热环境的影响[2]，李浩达研究了有利于中庭自然通风的平面剖面形态及组合方式[3]。

本章选取高层办公楼的标准层平面为研究对象，过滤掉中庭热压拔风等影响，设计内部平面变化丰富的模型矩阵，观察风压驱动下平面分隔对室内通风的影响。

6.1.2 室内通风与标准层平面分隔的相关研究

已有的有关平面分隔影响通风的研究，多将平面分隔的模式类型化归纳，分别进行模拟，对几种平面模式下的通风模拟结果进行比较、评价。例如，厦门大学刘晓东[4]将一字形平面按照《建筑空间组合论》[5]中对公共建筑布局手法的论述，将其分为单廊式、双廊式两种模式分别加以模拟，比较两者结果。这种对比方式抓住了平面组织模式这一风压驱动下的关键影响因子，但对特定模式下的再细分并无深入研究，忽视了同一平面组织模式下墙体划分疏密度的影响。

本章采用室内墙体分隔程度连续变化的标准层平面模型来模拟，以期得到平面分隔程度影响室内通风的细致化描述。

6.1.3 外窗开启洞口与平面分隔对通风的协同影响研究

外窗洞口作为气流传导的关键路径，相关研究较为丰富，主要为开窗面积、开窗位置、开窗方式、开窗角度、开启时长等。但有关外窗开启扇变化与标准层平面分隔变化同时作用于室内通风的研究较少。标准层平面的通风是一个由外窗流入、经由室内墙体分隔的房间、穿过门洞、由另一侧外窗流出的连续过程。脱离门窗洞口的设置而只研究标准层室内墙体分隔，得到的结果并不准确。

　　本章将每一个标准层模型都置于不同大小的开启扇洞口下观察结果，以期观察二者对室内通风的协同影响。

6.1.4　本研究定位

　　综上所述，本章从建筑师控制形体空间的视角出发，设计连续变化平面分隔度的标准层模型矩阵，观察模型在不同面积外窗开启洞口下的通风表现，以期得到平面分隔度对室内通风的影响规律，以及这一规律在不同洞口面积开启扇下的具体呈现。

6.2　标准层分隔建模设计与风环境模拟评价的参数选择

6.2.1　建筑师视角下的平面分隔模型设计

　　本章尝试建立基于建筑师视角下的平面分隔模型矩阵。基于对近年来建筑师参与较多的绿色公共建筑项目的调研，以及《建筑设计资料集（第三版）第3分册 办公·金融·司法·广电·邮政》[6]中对办公建筑、教学建筑等平面的归纳，在典型的标准层面积、内部空间组织模式、柱跨尺寸、建筑高度、建筑层数、使用系数等控制条件下，尝试构建一组同一面积的标准层在不同进深、不同平面分隔疏密度、不同外窗开启扇洞口面积比下的模型矩阵，作为风环境模拟的研究对象，观察各平面的通风性能表现。

　　控制各固定条件为：标准层面积为2500m²②[7]63，使用系数为0.75，则实用面积约为

---

① 据 2018 年新版《建筑设计防火规范》GB 50016—2014 第 63、64 页表 5.3.1，"一、二级高层民用建筑防火分区最大允许建筑面积为 1500m²"，据表注 1，"当建筑内设置自动灭火系统时，可按表中规定增加 1 倍"，即上限为 3000m²。据第 63 页 5.2.4，"当建筑物的占地面积总和不大于 2500m² 时，可成组布置"。出于规范限制及设计灵活性，通常标准层面积控制在 2500m² 及以下。

1875m²；柱跨为9m，面宽均为奇数跨①；建筑高度为50m②[7]57，首层层高4.8m，标准层层高4.2m，共计11层，屋顶设备层3.2m；控制使用系数③为0.75，核心筒及公共交通空间面积占比为0.25。

　　控制各可变条件为：①建筑进深及所对应的核心筒分布模式。依据案例归纳为图6-1自上至下的五组，主要变化规律为进深依次增大，其次为核心筒布置模式分别呈现多核心筒沿面宽依次布置、双核心筒分置两端、扁长单核心筒居中、方形单核心筒居中、多核心筒分散至四角；为适当缩减模拟工作量，选取最量大面广且模拟颗粒度变化较大的图6-1中圈红三组作为研究对象。②平面分隔疏密度。依据案例归纳为图6-1自左至右的四列，分别基于开敞办公、大开间办公、较大房间办公、小隔间办公四种办公室划分模式构建平面分隔疏密度的变化颗粒度。③外窗开启扇洞口面积比。依据各设计规范中对外窗开启扇的相关规定及设计经验，控制门窗开启洞口面积依次为实用地板面积的1%④[8]、2%⑤[9]、3.5%⑥、5%⑦[10]、8%⑧[11]；这一变化因子在图6-1矩阵中未呈现，在后续模拟结果中细致呈现。

———————————

① 据设计经验，柱跨为 9m 或 8.4m 有利于标准层正投影下方地下车位的排布，因高层建筑结构所需柱径较大，通常选取 9m 为柱跨尺寸；标准层面宽为奇数跨，面宽中部无柱，有利于组织空间。
② 通常建筑高度越大，各项建设条件的限制越严苛。例如《建筑设计防火规范》GB 50016—2014（2018年版）第57页表5.1.1，"建筑高度大于50m的公共建筑为一类建筑"，相应的防火要求须按一类建筑实施。出于土地利用效率及建设成本综合考量，高度控制在 50m 及以下的高层民用建筑较为常见。
③ 使用系数，即为标准层平面中去除走廊、楼（电）梯、厕所、设备间等公用空间之后的剩余空间与标准层面积的比值，一般为 0.72 ~ 0.85。
④ 实际工程中，为满足高层民用建筑的防火规范，可开启窗扇通常选用内平开内倒悬窗。内平开状态面积满足 2% 的防火规范下限要求，但日常采用内倒悬窗 15° 的状态来满足日常通风需求，此时，据《绿色建筑评价标准 GB50378—2019 技术细则》第 55 页 5.2.10【条文说明扩展】，"当平开门窗、悬窗、翻转窗的最大开启角度小于 45° 时，通风开口面积应按外窗可开启面积的 1/2 计算"，其有效通风面积记作窗扇面积的一半，为 1%。
⑤ 实际工程中，常据《高层民用建筑设计防火规范》GB 50045—95（2005 年版）中 8.2.2"需要排烟的房间 / 长度不超过 60m 的走道可开外窗面积不应小于 2%"取限值 2%。
⑥ 因2%至5%之间变化颗粒度较大，取中间值 3.5% 作为过渡值，构建连续、均匀变化的开窗洞口面积梯度。
⑦ 实际工程中，常据《民用建筑设计统一标准》GB 50352—2019 第 44 页 7.2.2"生活、工作的房间通风开口有效面积不应小于该房间地面面积的 1/20"取限值 5%。
⑧ 实际工程中，常据《公共建筑节能设计标准》GB 50189—2015 第 81 页"如果外窗有效开启面积不小于所在房间地面面积的 8%，室内大部分区域基本能达到热舒适性水平"取限值 8%。

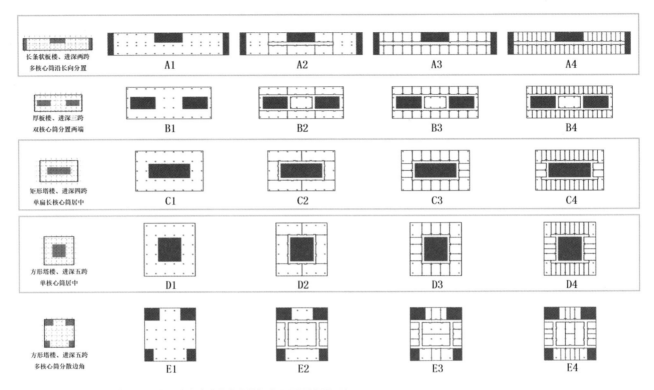

图6-1　进深不同、室内平面分隔疏密度连续变化的标准层平面模型矩阵
（资料来源：宋修教绘制）

6.2.2　风环境模拟条件设置及指标评价

　　在算法及软件选取上，选用绿色建筑风环境模拟分析软件PKPM-CFD（V3.2）的室内风模块进行模拟实验。

　　在输入的初始风况参数上，因文献[12]已论证建筑朝向或风来向对通风性能影响不明显，故研究中先忽略朝向变化这一因素，所有模型均选取与标准层平面面宽向呈45°夹角的方向作为初始风向；根据《中国建筑热环境分析专用气象数据集》[13]中对我国四个典型气候区代表城市哈尔滨、北京、上海、深圳的典型年的过渡季–夏季逐时风速统计，选取3m/s作为初始风速。

在研究对象选取上，单次模拟选取单一标准层作为对象，研究仅选取图6-1中A1～A4、C1～C4、D1～D4三组共12个标准层平面模拟；每个模型均进行五种外窗开启洞口面积的模拟，因而共需进行60次模拟。

在模拟条件设置上，根据《民用建筑绿色性能计算标准》JGJ/T 449—2018[14]，计算域设置为标准层平面尺寸的三倍，即计算域范围为63～357m波动，而模型高度为标准层层高4.2m，满足标准要求的"流入端距离5H，流出端距离10H"；网格设定过小会延长计算时间，网格设定过大则不够精确，模型中所有构件的最小尺寸为墙体厚度200mm，设定最小网格尺寸为200mm，可识别所有构件；设定最大网格为800mm，背景网格尺寸为2400mm，过渡比例为1.3，于模型元素密集处自动加密，得到总网格数在100万左右，满足规范要求的"形状规整的建筑网格过渡比不宜大于1.5"。设定收敛精度为0.0001，迭代步数为500次，计算达到收敛即停止，在保证精确度的同时控制模拟时间在可接受范围内。

在评价指标上，参考《绿色建筑评价标准》GB/T 50378—2019[15]中对室内通风性能的相关要求，即"公共建筑在过渡季典型工况下主要功能房间平均自然通风换气次数不小于2次/h的面积比例达到70%，得5分，每再增加10%，多得1分，最高得8分"。可见，对于单个房间，换气次数[①][16][17]为重要评价指标。

本章为评估标准层内所有房间的通风性能优劣，定义"标准层平均换气次数"为研究的评价指标，具体为"单位时间内标准层的所有房间通风量之和与标准层体积之比"，或"各房间换气次数以各房间体积为系数的加权平均值"，单位为"次/h"。其计算公式为：

标准层平均换气次数n=所有房间的通风量之和/标准层各房间体积之和　　　　（6-1）

以上计算公式中的分子为"通风量"而非"新风量"，因而非迎风侧房间所统计的"通风量"绝大部分为从迎风侧房间（或经由走廊等空间）流入的"重复统计的通风

---

① 换气次数 = 房间送风量 / 房间体积，单位为次 /h。

量"。室外新风流经室内后，其通风降温效果、改善空气质量的能力均下降，以上指标并未考虑这一因素，笼统地将所有通风量计入其中，并不能准确表征标准层整体的通风性能优劣。因而本研究尝试提出"标准层新风换气次数"为评价指标，定义为"单位时间内标准层的所有房间新风量之和与标准层体积之比"，计算公式为：

标准层新风换气次数N=迎风侧房间的通风量之和/标准层各房间体积之和　　（6-2）

6.3 空间-风适应的模拟结果与数据分析

本研究选取图6-1中A1～A4、C1～C4、D1～D4三组共12个模型分别在五种开启扇洞口面积下进行模拟研究，得到如表6-1～表6-3所示共60次模拟结果，每次模拟结果含标准层新风换气次数及其相应的风速云图。

长条状板楼标准层平面（A1～A4）在不同室内分隔度下的新风换气次数及风速云图统计表　　表6-1

开启扇洞口面积/有效使用面积	1%	2%	3.5%	5%	8%
A1新风换气次数N	1.69	4.76	9.80	15.05	25.67
A2新风换气次数N	2.74	5.93	9.82	14.03	19.30
A3新风换气次数N	2.52	5.27	8.81	10.74	12.57
A4新风换气次数N	2.52	5.34	8.65	10.56	12.82

（资料来源：宋修教绘制）

矩形塔楼标准层平面（C1～C4）在不同室内分隔度下的新风换气次数及风速云图统计表　　表6-2

开启扇洞口面积/ 有效使用面积	1%	2%	3.5%	5%	8%
C1新风换气次数N	1.32	3.55	7.55	11.24	18.75
C2新风换气次数N	2.76	4.38	6.20	9.94	11.7
C3新风换气次数N	2.32	4.33	5.41	7.52	8.45
C4新风换气次数N	2.05	4.77	6.29	7.68	9.09

（资料来源：宋修教绘制）

方形塔楼标准层平面（D1～D4）在不同室内分隔度下的新风换气次数及风速云图统计表　　表6-3

开启扇洞口面积/有效使用面积	1%	2%	3.5%	5%	8%
D1新风换气次数N	1.25	3.09	6.94	10.85	17.27
D2新风换气次数N	2.13	3.79	5.74	6.96	10.99
D3新风换气次数N	1.45	3.50	5.30	6.23	8.98
D4新风换气次数N	1.49	3.38	5.61	5.69	9.11

（资料来源：宋修教绘制）

6.3.1 标准层换气次数与进深的关系

　　观察外窗开启扇洞口面积比[①]、室内分隔程度[②]都不变的情况下，新风换气次数[③]随进深变化的趋势：分别比较三个表格[④]同一位置的三个数据换气次数的变化，如三个表格左上角的数值分别为1.69次/h、1.32次/h、1.25次/h，数值依次变小；同样，分别比较其余15个位置的数值，结果均依次变小。

　　以上比较方法细致但烦琐。选取三个表格的同一列上四个数值求平均值，以表征在过滤掉分隔度的干扰时，同一窗洞比下进深对换气次数的影响，如图6-2所示，五条折线均呈现换气次数随进深增大而减小的趋势。

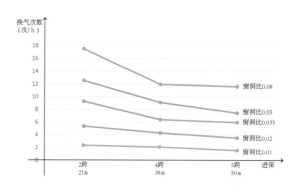

图 6-2　不同窗洞比下换气次数随进深变化折线图

　　由此可见，进深对标准层平面的换气次数影响明显；标准层进深越小，换气次数越多，自然通风换气性能越好。

6.3.2 标准层换气次数与外窗开启扇洞口面积的关系

　　窗洞比对换气次数影响明显。如图6-2所示，在过滤掉分隔度的干扰时，窗洞比较大的折线位于窗洞比较小的折线之上，表明窗洞比大的标准层换气次数多于窗洞比小的标准层。

　　由此可见，窗洞比对标准层平面的换气次数影响明显；标准层窗洞比越大，换气次数越多，自然通风换气性能越好。

---

① 标准层外窗开启扇洞口面积比，以下简称“窗洞比”。
② 标准层室内分隔程度，以下简称“分隔度”。
③ 标准层新风换气次数，以下简称“换气次数”。
④ 此处“三个表格”特指表6-1、表6-2、表6-3这三个结果统计表，下同。

6.3.3 标准层换气次数与有无室内分隔及分隔疏密度的关系

观察三个表格的纵向共15列数值以分析分隔度变化对换气次数的影响。以表6-2的五列数值为例,每一列数值代表同一标准层在同一窗洞比下随分隔度变化的换气次数,自上而下室内分隔度递增。可得到以下规律:

规律一,C1与C2~C4[①]结果有较大差值而C2~C4三个数值差异较小,表6-1、表6-3的另10列数据亦呈现此规律。[②]这表明室内有无分隔对换气次数影响明显,而分隔度变化对换气次数影响不明显。[③]

规律二,窗洞比为1%时C2~C4的数值明显高于C1,窗洞比为2%时C2~C4的数值略高于C1,窗洞比为3.5%时C2~C4的数值略低于C1,窗洞比为5%、8%时C2~C4的数值明显低于C1。可看到,随着窗洞比递增,两组数值呈现大小关系的转变,且存在一个窗洞比值是分隔度影响换气次数规律的变化临界点,观察表6-1、表6-3的另10列数据亦呈现此规律。为探寻临界点数值,绘制换气次数随窗洞比渐变的折线图,如图6-3所示,可得此临界值约为2.5%,且不随进深变化而变动。

综上所述,可得结论:①同一内部空间组织模式下,标准层的分隔疏密度变化对换气次数影响不明显。②标准层内有无分隔对换气次数影响明显,且以窗洞比2.5%为临界值,呈现差异化表现:当窗洞比小于2.5%时,有分隔的换气次数大于无分隔;当窗洞比大于2.5%时,有分隔的换气次数小于无分隔;当窗洞比为2.5%时,有无分隔的换气次数趋近。

---

① C2、C3、C4,以下简称"C2~C4"。
② 综合观察三个表格,C2~C4、D2~D4三个数据的差值并不大,但A2~A4中A2的数值跳脱,这与其平面分隔模式的特殊相对应:A3、A4均为走廊横向贯穿的双廊式平面,室外自然风须经由南侧开启扇流入、穿过南侧房间、流经走廊、穿过北侧房间再流出室外,流经路线复杂;A1为室内无遮挡的开放式平面,自然风畅通无阻;而A2平面作为介于开放式平面与双廊式平面的"缝合体",左右两侧无分隔、中部为双廊,"过渡式"形态导致数值也处于两者之间。尤以A2的后两个数值表现明显,前两个数值绝对值较小,易受到统计误差的影响。
③ 本章的分隔度变化特指建筑师大量采用的常规平面空间划分手法。

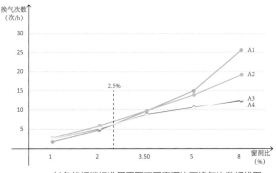

a 长条状板楼标准层平面不同窗洞比下换气次数折线图

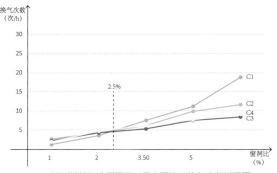

b 矩形塔楼标准层平面不同窗洞比下换气次数折线图

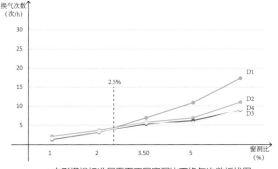

c 方形塔楼标准层平面不同窗洞比下换气次数折线图

图6-3　各标准层平面随窗洞比变化的换气次数折线图
（资料来源：宋修教绘制）

6.4 空间–风适应机理的结论与设计策略

研究通过构建精细变化的标准层室内分隔模型矩阵，综合考虑外窗开启扇洞口面积比，得出如下结论。

（1）控制进深不要过大，有利于改善室内自然通风换气性能。

当建筑为单廊或双廊的条状体量、进深控制在20m之内，有利于通风换气；当建筑为厚板楼或扁长矩形平面、进深在20～40m之间，可通过调节门窗开启状态来进一步改善通风换气；当建筑为进深大于40m的塔楼或超大体量，可设置的外窗开启扇受限于外部大风，内区需增加机械通风以保证换气效果。

（2）控制外窗开启扇洞口面积比不要过小，有利于改善自然通风换气性能。

当窗洞比为2.5%时，建筑在门窗全开状态下可保证不低于4次/h的平均换气次数，保洁人员保持每小时门窗全开15min即可使室内换气1次。

依据窗洞比定义，以本章6.2.1中的标准层面积2500m²、使用效率0.75的典型高层办公楼为例，窗洞比2.5%折算得总开启面积约为46m²。外窗为连续水平长窗的情况下，大约每隔4～6扇窗开启1扇平开窗或2扇悬窗即可。

（3）平面分隔疏密度对自然通风换气性能影响不明显，有无平面分隔影响明显。

当窗洞比小于2.5%时，有平面分隔的隔间设计有利通风；当窗洞比为2.5%时，有无平面分隔对通风性能影响不明显；当窗洞比大于2.5%时，无平面分隔的开敞办公有利通风，但应注意防止过量通风。

参考文献

[1] 肖毅强. 模拟研究中庭与侧庭组合方式对建筑自然通风降温效果的影响[C]//全国高等学校建筑学专业教育指导分委员会建筑数字技术教学工作委员会. 共享·协同——2019全国建筑院系建筑数字技术教学与研究学术研讨会论文集. 2019：11-18.

[2] 邓孟仁，郭昊栩，熊胜洋. 建筑腔体对室内风环境的影响及模拟分析[J]. 广州：华南理工大学学报（自然科学版），2017，45（5）：74-81.

[3] 李浩达. 基于室内自然通风效果的中庭空间设计研究[D]. 沈阳：沈阳建筑大学，2014.

[4] 刘晓东. 夏热冬暖地区不同平面类型的中小学教学楼通风模拟研究[D]. 厦门：厦门大学，2017：33-57

[5] 彭一刚. 建筑空间组合论[M]. 北京：中国建筑工业出版社，1998.

[6] 中国建筑工业出版社，中国建筑学会. 建筑设计资料集第3分册 办公·金融·司法·广电·邮政[M]. 3版. 北京：中国建筑工业出版社，2017.

[7] 中华人民共和国住房和城乡建设部. 建筑设计防火规范：GB 50016—2014（2018年版）[S]. 北京：中国计划出版社，2018：63.

[8] 国家技术监督局，中华人民共和国住房和城乡建设部. 高层民用建筑设计防火规范：GB 50045—95（2005年版）[S]. 北京：中国建筑工业出版社，2008.

[9] 中华人民共和国住房和城乡建设部. 绿色建筑评价标准技术细则2019[M]. 北京：中国建筑工业出版社，2019.

[10] 中华人民共和国住房和城乡建设部. 民用建筑设计统一标准：GB 50352—2019[S]. 北京：中国建筑工业出版社，2019.

[11] 中华人民共和国住房和城乡建设部. 公共建筑节能设计标准：GB 50189—2015[S]. 北京：中国建筑工业出版社，2015.

[12] 宋修教，张悦，程晓喜，等. 地域风环境适应视角下建筑群布局比较分析与策略研究[J]. 建筑学报，2020（9）：73-80.

[13] 中国气象局气象信息中心气象资料室，清华大学建筑技术科学系. 中国建筑热环境分析专用气象数据集[M]. 北京：中国建筑工业出版社，2005.

[14] 中华人民共和国住房和城乡建设部. 民用建筑绿色性能计算标准：JGJ/T 449—2018[S]. 北京：中国建筑工业出版社，2018.

[15] 中华人民共和国住房和城乡建设部. 绿色建筑评价标准：GB 50378—2019[S]. 北京：中国建筑工业出版社，2019.

[16] 朱颖心. 建筑环境学[M]. 北京：中国建筑工业出版社，2010.

[17] 中华人民共和国住房和城乡建设部. 民用建筑供暖通风与空气调节设计规范：GB 50736—2012[S]. 北京：中国建筑工业出版社，2012.

第

7

章

关键机理探索：
『空间–热适应』研究

　　针对建筑内部空间和功能布局研究不同功能房间的排布位置对室内热环境的影响，可以从能耗和自然室温满足率两个角度定量评价功能布局的热适应性能。本章选择哈尔滨、北京、上海、广州四个气候区的城市，以典型方形高层办公建筑标准层平面布局模型为例，考虑不同功能房间的人员密度和室内热扰差异，分析平面位置和空间功能对室内自然温度的影响。结论包括：不使用空气调节设备的辅助空间布置在不利朝向可以作为缓冲空间改善整体热适应性能；发热量高的房间布置在自然室温低的位置，以及对室温要求更严格的房间布置在温度满足率低的位置，均有利于整体平面布局温度满足率的提升。

7.1 国内外研究趋势综述与本研究定位

　　本章探讨在建筑形体、窗墙面积比确定的情况下，改变内部功能空间布局对室内热环境和建筑能耗的影响。能耗是反映建筑热性能的重要指标之一，为了在不同气候条件下满足建筑功能使用需求，达到室内热环境控制目标，需要使用供冷供暖设备调节室内温度至舒适范围，因此消耗的供冷供暖能耗直接受到建筑内空间的热性能和自然环境条件影响。相对于体形系数、窗墙面积比、围护结构性能等影响因素，建筑内部功能空间排布对建筑能耗的影响较小，相关研究也较少。

7.1.1 平面功能布局对建筑能耗的影响

　　由于功能空间（用能）和辅助空间（非用能）的能耗差异较大，现有研究主要探究了辅助空间，也可作为缓冲空间，在平面布局上的位置对建筑热环境和能耗的影响，并通过模拟计算进行定量分析对比。

　　赵惠惠等[1]总结了四类典型平面原型的18种辅助空间布局模式（图7-1），并通过模拟计算定量分析辅助空间的热缓冲效应和对建筑能耗的影响，提出了适应不同气候区

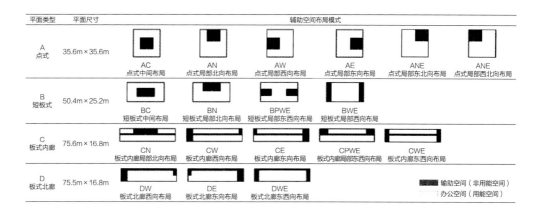

图 7-1　四类典型平面的 18 种辅助空间布局模式
（资料来源：文献 [1]）

的平面布局优化策略。在四种平面类型中，短板式布局内辅助空间的不同位置对能耗的影响最大，能耗最低的布局模式与能耗最高的布局模式相比，在寒冷地区、夏热冬冷地区和夏热冬暖地区分别降低了6.5%、14%、14.8%；在其他三种布局模式中，辅助空间位置对能耗的影响较小，在寒冷地区、夏热冬冷地区和夏热冬暖地区的能耗差异分别在1.5%~2.3%、1.7%~4.2%、1.5%~5.1%。

刘利刚等[2]归纳设计了六类八种典型高层办公建筑平面（图7-2），通过能耗模拟计算分析功能区面积比、建筑进深、交通核布置等因素对建筑能耗的影响。其中，体形相同的三种平面布局（D1，D2，D3）交通核位置分别在北侧、东西侧和中心，导致功能区进深大小不同，在寒冷、夏热冬冷和夏热冬暖三个气候区，能耗最高的布局比最低的平均高了约15%，分项能耗中照明能耗差异明显。而对于不同体形的方案，综合能耗差异在20%~50%，说明体形对建筑能耗的影响大于平面布局的影响。

田一辛等[3]探究了寒冷地区办公楼辅助空间布置在中央、东、南、西、北对总能耗的影响，以及中央型辅助空间布局下，单间布置在中央和周边对能耗的影响（图7-3）。模拟结果表明，辅助空间位于中央的布局能耗最高，位于西侧时总能耗最低，其中制冷能耗的变化幅度大，成为影响总能耗的主要因素。辅助空间在中央时周边功能空间的冷热能耗均增加，而辅助空间在西侧可以减少西晒和太阳辐射得热从而降

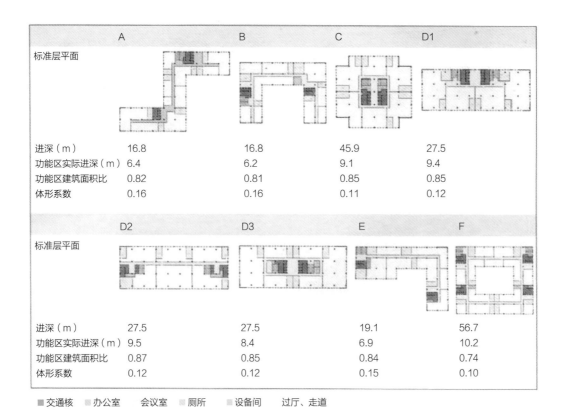

	A	B	C	D1
标准层平面				
进深（m）	16.8	16.8	45.9	27.5
功能区实际进深（m）	6.4	6.2	9.1	9.4
功能区建筑面积比	0.82	0.81	0.85	0.85
体形系数	0.16	0.16	0.11	0.12
	D2	D3	E	F
标准层平面				
进深（m）	27.5	27.5	19.1	56.7
功能区实际进深（m）	9.5	8.4	6.9	10.2
功能区建筑面积比	0.87	0.85	0.84	0.74
体形系数	0.12	0.12	0.15	0.10

■ 交通核　■ 办公室　 会议室　▨ 厕所　 ▨ 设备间　 过厅、走道

3　各方案标准层面和相关参数统计

图7-2　六类八种典型高层办公建筑平面
（资料来源：文献 [2]）

低制冷能耗。对于单间会议室和办公室的位置排布，由于单间相对于开放办公区人员密度更大，布置在周边作为缓冲空间更节能，虽然增加了采暖能耗但制冷和照明能耗均降低。

何成等[4]通过随机抽样结合仿真实验的方法分析了武汉地区典型多层内廊式办公建筑的200种功能布局（图7-4），包含办公、会议、楼梯、储物间、卫生间五种原型的空间功能，其中办公室和会议室为空调房，其余为非空调房。在物理模型和各功能空

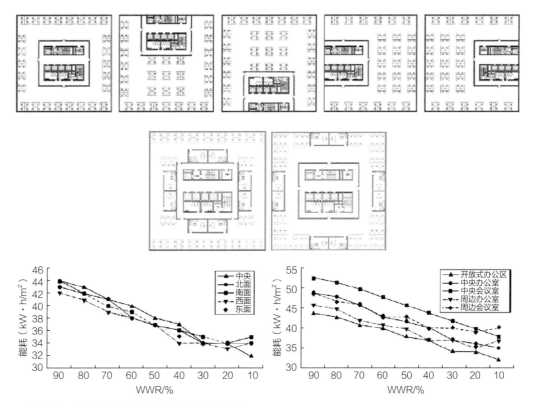

图 7-3　不同辅助空间朝向及单间布局的能耗
（资料来源：文献 [3]）

间数量固定的条件下进行模拟计算，发现不同布局的年总能耗在49800～51000kW·h
波动，相对集中分布在50220～50600kW·h，最高值比最低值多2.41%，说明功能及
环境确定的情况下，功能布局对总能耗的影响较小。其中，照明能耗不变，制冷能耗
是供暖能耗的三倍左右，是影响能耗的主要因素。空调房尽可能布置在北侧，非空调
房布置在南侧时能耗更低，但与通常将办公室、会议室布置在南侧的功能设计不完全
一致。

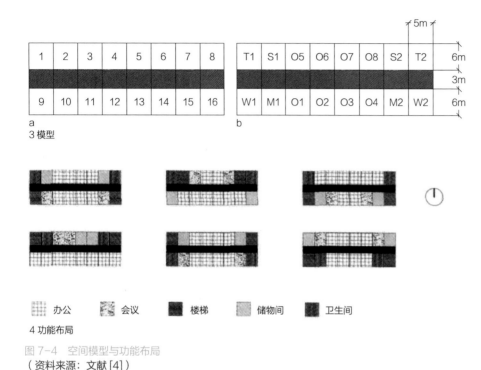

| 1 | 2 | 3 | 4 | 5 | 6 | 7 | 8 |

| 9 | 10 | 11 | 12 | 13 | 14 | 15 | 16 |

a

| T1 | S1 | O5 | O6 | O7 | O8 | S2 | T2 | 6m |

| | | | | | | | | 3m |

| W1 | M1 | O1 | O2 | O3 | O4 | M2 | W2 | 6m |

5m

b

3 模型

4 功能布局

▦ 办公　　▦ 会议　　■ 楼梯　　▦ 储物间　　▦ 卫生间

图7-4　空间模型与功能布局
（资料来源：文献 [4]）

　　Du等[5]以荷兰一栋办公建筑作为参考建筑提出11种平面功能布局（图7-5），包含办公室、会议室、食堂、休息室、核心筒和楼梯间六种功能空间，按固定面积比例布置，进行采光和能耗模拟。模拟结果表明，平面功能布局对冷热负荷的影响在10%左右，而对采光能耗的影响可达65%，综合折算为总能耗后最高值比最低值高19%。冬季太阳辐射得热影响不明显，供热负荷主要受室内热扰影响，方案c核心筒和楼梯在南侧，办公室在北侧，供热负荷最低；而方案k办公室在南侧，核心筒在中央，供热负荷最高。夏季办公室对热环境要求最高，方案 b、c办公室更多在北侧，太阳辐射得热少，供冷负荷最低。

　　以上研究结论为功能布局策略的热适应提供了定量参考和依据。在功能空间室内

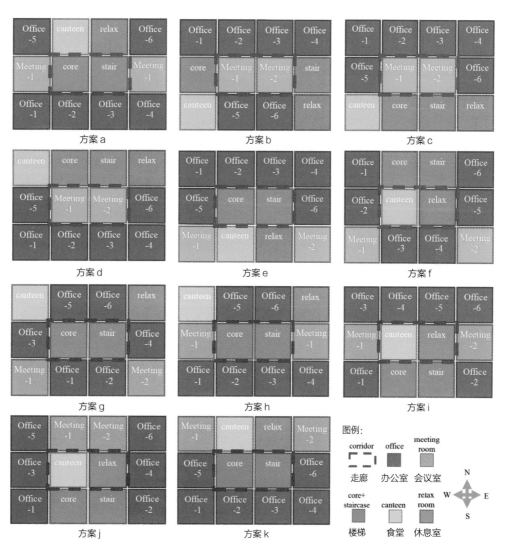

图 7-5　11 种平面功能布局
（资料来源：文献 [5]）

温度设定值固定的情况下，为了降低达到控制目标所消耗的建筑总能耗，应该将辅助空间（非用能）布置在自然热环境条件相对不利的位置和朝向，从而降低功能空间（用能）为消除设定温度与实际温度之间的差距而产生的冷热负荷。此外，由于使用需求不同，不同功能空间的窗墙面积比设计存在差异，也会对空间热性能造成影响，辅助空间等对开窗面积要求较低的房间布置在西侧可以减少太阳辐射得热，布置在北侧减少热量散失，起到缓冲作用，改善室内热环境。

7.1.2　平面功能布局对建筑室内热环境的影响分析

无主动式设备调节下的自然室内环境受到外界自然环境条件、太阳辐射、室内热扰、自然通风和围护结构传热的影响[6]（图7-6）。由于不同功能空间的人员活动不同，改变功能布局时，各空间的室内热扰随之改变，同时，不同朝向、位置的空间受到不同程度的太阳辐射和自然通风影响，因此空间功能与平面位置的匹配和适应有助于改善室内热环境性能。

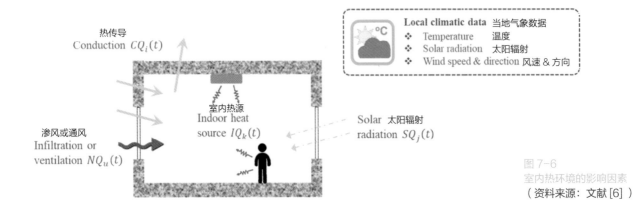

图 7-6
室内热环境的影响因素
（资料来源：文献 [6] ）

7.1.3 本研究定位

本研究进一步细化功能空间（用能空间）的人员活动差异对室内热环境的影响，对于确定辅助空间和走廊位置的平面，在不使用供冷供暖设备的情况下，通过室内自然温度模拟分析不同功能空间的位置布局对热环境的影响。

7.2 空间功能布局建模设计与热环境模拟评价的参数选择

7.2.1 建筑内部平面功能布局设计

为探究高层办公建筑内部平面功能布局对室内热环境性能的影响，在第6章的五种典型高层办公建筑标准层平面中选择进深最大、分隔最多的方形布局作为本章研究的平面模型，分别选择哈尔滨、北京、上海、广州四座城市的气象数据，立面开窗不变，走廊和辅助空间（包括交通核）等非用能房间的位置固定，功能空间包含八间会议室，其余房间均为办公室。其中，办公室按温度控制目标分为高性能办公室和普通办公室，二者热扰相同，但温度要求不同，因此在模拟参数设置上一致，仅在室温模拟结果分析时加以区分。在参考平面布局模型的基础上，本研究讨论会议室布置在北侧、南侧和东西侧三种布局（图7-7）。

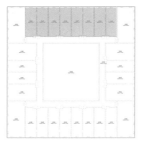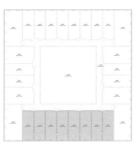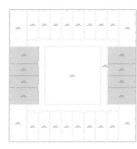

 会议室
办公室

图 7-7
方形平面的三种功能布局
（资料来源：贺秋时绘制）

7.2.2 室内自然温度模拟条件设置及指标评价

在算法及软件选取上，选用建筑环境全年模拟计算软件DeST-c进行无主动式设备调节的自然室温模拟实验。

在模拟条件设置上，根据《公共建筑节能设计标准》GB 50189—2015[7]设定围护结构热工性能（表7–1），参考《民用建筑绿色性能计算标准》JGJ/T 449—2018[8]设定室内热扰和人员作息参数（表7–2）。通风换气次数的设定分为房间与房间之间、房间与外界环境。房间与外界通风在第23周（6月初）到第38周（9月中）夜间20:00到次日7:00，换气次数设定为5次/h，其余时段渗风量设定为0.5次/h。房间互通风在星期一到星期五9:00~18:00，换气次数设定为5次/h，其余时段渗风量设定为0.5次/h。

围护结构热工性能参数设置   表7–1

参数名称	哈尔滨	北京	上海	广州
外墙传热系数	0.428	0.538	0.878	1.204
屋顶传热系数	0.299	0.438	0.595	0.812
外窗传热系数	2.000	2.000	2.800	3.800
外窗SHGC值	0.435	0.435	0.378	0.378

（资料来源：贺秋时绘制）

房间分区参数设置   表7–2

房间功能	照明功率密度（W/m²）	设备功率密度（W/m²）	人员密度（m²/人）	人员散热量（W/人）
办公室	15	15	8	131
会议室	9	15	2.5	108
走廊	5	15	50	134
辅助空间	5	15	—	—

（资料来源：贺秋时绘制）

在评价指标上，参考《民用建筑供暖通风与空气调节设计规范》GB 50736—2012中对人员长期逗留区域空调室内设计参数的要求，统计逐时自然室温在过渡季和夏季的满足情况。对于普通办公室和会议室，参考Ⅱ级热舒适等级需求，供冷工况（夏季）高于28℃作为过热，供热工况（冬季）低于18℃作为过冷。对于高性能办公室，参考Ⅰ级热舒适等级需求，供冷工况（夏季）高于26℃作为过热，供热工况（冬季）低于22℃作为过冷。以整体室温满足小时数作为定量指标，评价不同功能布局的热适应性能差异。

7.3 空间－热适应的模拟结果与数据分析

根据全年逐时自然室温模拟结果，分析不同功能布局的整体满足率、不同朝向房间的热性能差异，以及空间使用功能和需求对满足率的影响。

7.3.1 不同功能布局的自然室温分布整体情况

分别统计三种功能布局在4～10月工作时段（每天8:00～18:00）的室内自然温度分布小时数，方形布局共计30个空间单元（包括辅助空间和走廊），工作时段共计2354h，因此统计总量为70620空间·单元。小时数计算公式为$\sum_s\sum_h I_{sh}$，其中s为各空间单元，h为工作时段各小时，I在满足温度范围时取1，否则取0。分别统计四座城市室温在18～28℃（普通）的满足率如图7-8所示。

综合对比分析四个气候区城市的模拟结果，对于广州（夏热冬暖地区），会议室南向布局整体满足率最高，北向次之，东西向最低；对于上海（夏热冬冷地区）和北京（寒冷地区），会议室北向布局整体满足率最高，南向和北向满足率接近，东西向最低；对于哈尔滨（严寒地区），会议室北向布局整体满足率最高，东西向和南向布局接近。综上所述，在上海、北京和哈尔滨三座城市均呈现会议室布置在北向整体满足率最高，而在广州会议室布置在南向整体满足率最高；在四座城市均呈现东西向布局满足率最低的模拟计算结果。

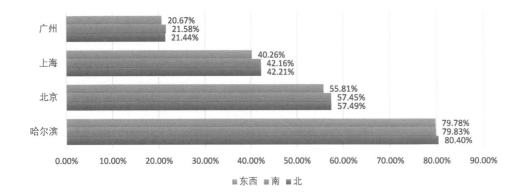

图 7-8
四个气候区三种布局下的室温满足率（普通办公室）
（资料来源：贺秋时绘制）

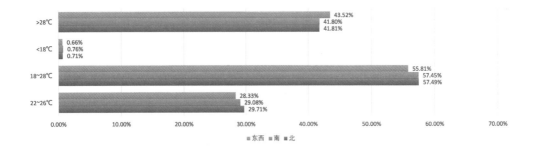

图 7-9
4 ~ 10 月室温分布小时数占比
（资料来源：贺秋时绘制）

　　以北京地区为例，分别统计室温低于18℃（过冷）、高于28℃（过热）、在22~26℃（高性能）以及在18~28℃（普通）的小时数及占比如图7-9和表7-3所示。

自然室温小时数分布情况统计（单位：h·单元）　　　　表7-3

室温	>28℃	<18℃	18~28℃	22~26℃
北侧	29524	498	40598	20983
南侧	29516	534	40570	20536
东西侧	30737	469	39414	20009

（资料来源：贺秋时绘制）

从普通办公室自然室温满足率（18～28℃）来看，会议室布置在东西侧的布局满足率最低，布置在北侧满足率最高，南侧和北侧结果接近，仅相差28h·单元，最高满足率相对于最低提高了3.00%。从高性能办公室自然室温满足率（22～26℃）来看，会议室布置在北侧满足率最高，其次是布置在南侧，东西侧布局满足率最低，最高满足率相对于最低提高了4.87%。从过热情况来看，会议室布置在东西侧过热时段最多，布置在南侧过热时段最少，北侧和南侧结果接近，仅相差8h·单元，最高过热比例相对于最低增加了4.14%。由于统计的时间段是4～10月，包含过渡季和夏季，不包含供热季，因此三种布局过冷情况差距不大，会议室在南侧布局过冷时段最多，北侧次之，东西侧最少，最多仅比最少多65h·单元。

综合以上自然室温满足情况，为满足高性能办公室的室温要求，会议室布置在北侧可以获得最多的全年自然室温满足小时数，即在保证室内热环境舒适的前提下最大限度地延长过渡季不使用主动式设备供暖或供冷的时间。为满足普通办公室的室温要求，会议室布置在南侧或北侧差别很小。而不论高性能还是普通办公室，会议室布置在东西侧的布局的自然室温满足率都较低，但总体差别不大，最优性能布局相对于最低的提升在3%～5%，满足率的绝对差别在2%以内。

7.3.2 不同朝向房间的自然室温分布差异对比

以北京地区为例，从四个朝向分别选取一个典型房间，在三种不同功能布局下，对比5～6月工作时段日均温度的变化曲线。

会议室布置在北侧房间时，北侧房间自然室温最高，其次是西侧、东侧、南侧办公室。温度最高的北侧和最低的南侧平均相差约0.8℃（图7-10）。

会议室布置在南侧房间时，南侧房间自然室温最高，其次是西侧、东侧、北侧办公室。温度最高的南侧和最低的北侧平均相差约0.9℃（图7-11）。

会议室布置在东、西侧房间时，西侧房间自然室温最高，其次是东侧、南侧、北侧办公室。温度最高的西侧和最低的北侧平均相差约1℃（图7-12）。

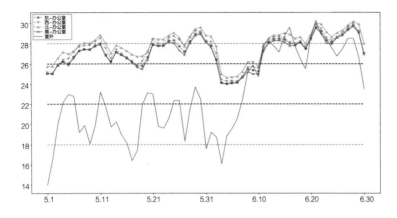

图 7-10
会议室在北侧的室温对比
（资料来源：贺秋时绘制）

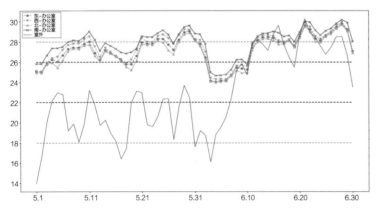

图 7-11
会议室在南侧的室温对比
（资料来源：贺秋时绘制）

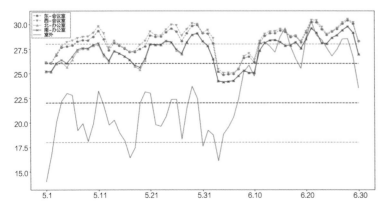

图 7-12
会议室在东、西侧的室温对比
（资料来源：贺秋时绘制）

以上三组对比结果显示，当房间功能相同，即均为办公室时，自然室温从高到低的朝向依次为西、东、南、北。而房间的使用功能，即室内发热量对自然室温的影响相对于朝向更为显著，人员密度更高的会议室不论布置在哪个朝向，都会成为自然室温最高的空间。由于会议室人员密度和发热量高于办公室，而北向房间受太阳辐射得热影响小，会议室布置在北侧能更好地利用室内产热提高室温，同时避免过热，而西向房间由于西晒导致室温偏高，不适宜再布置发热量高的会议室。整体满足率最高的会议室北向布局中，各朝向房间的自然室温差异也最小，而整体满足率最低的会议室东西向布局中，各朝向房间的自然室温差异也最大。

进一步分析三种布局下，不同朝向的房间对高性能办公室和普通办公室室温要求的满足情况（图7-13、图7-14）。方形布局包含的空间单元数量为南向八间、北向八间、东西向各四间（共八间）。

不管是在高性能要求还是在普通性能要求下，不同布局和不同朝向的满足率分布情况表现出相似的趋势，且与室温分析结果一致，即室温越低的朝向满足率越高。在三种布局中，会议室所在的朝向满足率均为最低，而室温均为最高，这说明室内发热量导致的室温增高会降低过渡季和夏季的自然室温满足率，且室内热扰对室温的影响大过房

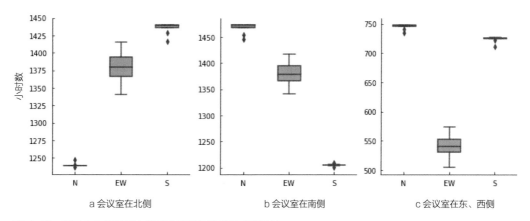

图 7-13　三种布局不同朝向房间的普通性能满足情况统计
（资料来源：贺秋时绘制）

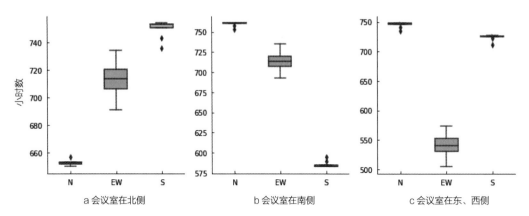

图 7-14　三种布局不同朝向房间的高性能满足情况统计
（资料来源：贺秋时绘制）

间朝向的影响。对相同朝向的房间来说，南向和北向房间的满足率分布相对集中，说明房间性能相对一致，均好性更好，而东西向房间不同位置的热性能差异相对较大。

7.3.3　高性能房间的位置布局影响

本研究以标准层平面总的自然室温满足小时·单元数为评价指标，探究高性能房间在平面上的位置布局。各房间按高性能办公室、普通办公室的温度范围判断逐时自然室温是否满足，计算满足的小时数总和，单位为h·单元。

以北京地区会议室在北向为例，分别探讨有四间和八间高性能办公室时的布局位置。除北向八间会议室外，室温满足率最低，即热性能最差的房间是位于东南、东北、西南、西北四角的房间，其次是西向的四个房间，室温满足率最高及热性能最好的是南向的八间。对于有四间高性能办公室的情况，高性能办公室布置在热性能最差的四个房间时，标准层整体满足小时数为38185h·单元，是整体满足率最高的布局；高性能办公室布置在热性能最好的四个房间时，标准层整体满足小时数为37851h·单元，是整体满足率最低的布局，最高比最低多334h·单元，增加了0.88%。对于有八间

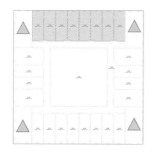

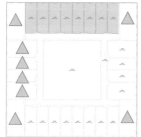

■ 会议室

□ 普通办公室

▲ 高性能办公室

图 7-15　高性能房间的最优位置布局

（资料来源：贺秋时绘制）

高性能办公室的情况，高性能办公室布置在热性能最差的八个房间时，标准层整体满足小时数为35569h·单元，是整体满足率最高的布局（图7-15）；高性能办公室布置在热性能最好的八个房间时，标准层整体满足小时数为35111h·单元，是整体满足率最低的布局，最高比最低多458h·单元，增加了1.30%。

与将性能要求高的房间布置在满足率最高的位置的直觉不同，高性能房间的温度舒适区范围更小，在舒适度相对较低的18～22℃以及24～26℃需要开启主动式设备进行调节，而普通办公室可以充分利用此温度区间作为舒适范围，因此将此温度范围内累计小时数最小的房间，在本例中也是满足率最低的房间，作为高性能办公室时，平面整体满足率最高，但对整体满足率影响不大，高性能房间数量为四间和八间时最高和最低满足率分别相差0.88%和1.30%。

7.4 空间－热适应机理的结论与设计策略

对于建筑内部平面功能布局，不同朝向的房间自然室温不同，热性能存在差异，对北京办公建筑标准层方形布局而言，北向房间在过渡季和夏季自然室温更低，满足率更高，南向次之，东西向最差。不同功能空间的热扰和温度需求也存在差异，会议室人员密度和发热量大于办公室。通过调整不同功能空间的位置排布可以更好地匹配空间热性能和热需求，改善建筑热适应性能。在建筑形体、窗墙面积比和围护结构确定的条件下，内部功能布局的改变对建筑能耗和自然室温满足率的影响相对较小。

综上所述，本章通过文献调研和软件模拟的方式得到以下基本设计策略。

（1）不使用空气调节设备的辅助空间排布在不利朝向具有缓冲作用，有利于提高室内整体热性能并降低建筑能耗。

（2）对于发热量不同的功能空间，发热量大的空间优先布置在自然室温较低的位置，有利于提高平面整体自然室温满足率。

（3）对于室温性能要求不同的功能空间，性能要求高，即目标温度范围严格的空间优先布置在满足率低的位置，有利于提高平面整体自然室温满足率。

从研究的角度，本研究仅是在建筑形体、围护结构和辅助空间位置固定不变的情况下，对于自然室温满足小时数的研究，关于不同功能空间可能存在的窗墙面积比的差异，以及自然室温满足小时数无法反映的实际供冷供暖能耗的差异，还有待进一步深入研究探索。从建筑设计的角度，本研究仅从热适应性能的角度出发探讨平面功能布局，没有综合考虑具体的空间使用、功能流线及使用者需求等方面。

▌参考文献

[1]　赵惠惠，傅筱，张钤. 辅助空间的缓冲热效应及平面布局优化探析[J]. 建筑技艺，2020（7）：86-91.

[2]　刘利刚，林波荣，彭渤. 中国典型高层办公建筑平面布置与能耗关系模拟研究[J]. 新建筑，2016（6）：104-108.

[3]　田一辛，黄琼，赵敬源，等. 寒冷地区低能耗办公建筑布局研究[J]. 建筑节能，2018，46（7）：8-12.

[4]　何成，朱丽，田玮，等. 基于低能耗目标的建筑功能布局研究[J]. 建筑学报，2016（S1）：155-158.

[5]　DU T T, JANSEN S C, TURRIN M, et al. Impact of space layout on energy performance of office buildings coupling daylight with thermal simulation[C]. CLIMA 2019. 2019: 03077.

[6]　VJLG A, HKW A, KTT A, et al. Simulation-based evolutionary optimization for energy-efficient layout plan design of high-rise residential buildings[J]. Journal of Cleaner Production, 2019, 231:1375-1388.

[7]　中华人民共和国住房和城乡建设部. 公共建筑节能设计标准：GB 50189—2015[S]. 北京：中国建筑工业出版社，2015.

[8]　中华人民共和国住房和城乡建设部. 民用建筑绿色性能计算标准：JGJ/T 449—2018[S]. 北京：中国建筑工业出版社，2018.

第 **8** 章

绿色公共建筑
形体空间气候
适应性评价工具

针对东北、京津冀、长三角、珠三角四个典型地区的气候特点，结合我国优秀绿色公共建筑实践以及地域气候适应性优化设计分析的既有研究成果，同时借鉴日本CASBEE、英国BREEAM、德国DGNB、美国LEED等发达国家在建筑气候适应性评价方面的经验，针对不在形体空间上具有典型代表性（考虑规模、使用人数、能耗水平等因素）的主要公共建筑类型，在充分考虑公共建筑在形体空间与规模、环境舒适需求的共性特征与个性差异的基础上，本研究提炼一系列可统一量化的形体空间气候适应性评价指标，采用专家访谈的方法，确定相应的权重，通过与现有绿色建筑评价标准、建筑节能设计标准进行可控性指标比对研究和修正，形成以节能减排为目标的建筑形体空间气候适应性科学评价体系。

8.1 形体空间气候适应性评价基本原理

《民用建筑绿色设计规范》JGJ/T 229—2010[1]建议采用计算机模拟方法分析建筑能耗，并根据模拟结果调整建筑形态和空间，以此来降低建筑能耗。但这一工作方法存在如下问题。

（1）建筑能耗水平模拟精度、效率以及模拟结果，对公共建筑节能形态设计决策有着深刻影响。在现行公共建筑形态节能设计实践中，设计师普遍采用试错法决定建筑形态设计策略——先根据功能要求与设计经验，主观提出若干形态方案，随后应用建筑能耗模拟软件计算其对应的能耗水平，进而反复试验、比较建筑形态参数变化对能耗水平的影响，从而确定最终决策。

（2）在以"节能优化"为核心的气候适应性优化设计中，除了形体空间，其他诸多因素也会对建筑能耗表现产生影响，加之它们之间的关系错综复杂，往往还带有矛盾性和关联性，加剧了方案阶段能耗表现的模糊性和不确定性，从而使得建筑师在优化方向和策略选择时表现出很强的主观性。

传统的设计优化流程为：首先提出形态性能气候适应性要求，建筑师根据要求，结合处理对象的功能特征，形成阶段性设计方案，然后根据既定评价方法对这些方案进行气候适应性评价，根据评价结论建筑师思考下一阶段优化方向。这种过程一般会在设计过程中多次反复，产生了多余的重复性操作，降低了工作效率。

理想的优化模式应是将适应性评价以某种方式植入形体优化的过程中，通过设计与评价的协同操作——由设计程序完成目标比较和内部寻优，可以有效提高工作效率。

然而，以建筑能耗最低为设计目标的工作方法，由于将建筑热舒适水平、自然采光性能、空气品质等环境质量要素作为后评价条件，而缺乏对建筑形态热舒适、自然采光性能、空气品质等进行主动优化的能力，同时，将自然采光性能、热舒适性能、空气品质和建筑能耗水平等一并纳入前置性综合决策系统时，由于形态参数与能耗指标、环境性能方面等的互动关系过于复杂，设计师的决策更多依赖经验进行主观判断，导致最终决策的精准度（甚至准确性）存在极大不确定性，从而使得形体空间的气候适应性设计始终处于定性层面，急需提供相应的辅助工具，帮助设计师对于复杂的多要素互动关系建立起更为清晰的认知。

同时，形体空间气候适应性评价的难点还在于，需综合考虑能耗、采光和热舒适性能等目标，依据某项性能目标制定的设计参数可能导致其他性能目标的劣化。例如，外窗面积的降低虽然能减少采暖制冷能耗，但会导致人工照明能耗的升高。因此，不仅需要评价单个指标优劣，也需要对多指标的协同效果进行评价。

本研究所提出的评价体系的主要目标为：建立建筑形体空间参数与气候适应性能之间的映射关系，并依托现代信息技术，通过有效的即时评价手段，帮助建筑师将气候适应性技术措施和方法植入设计过程。具体而言，可细分为如下两个目标。

提高节能设计效率——通过建立形体空间与气候适应性性能之间的耦合关系，建立气候适应性简化判别模型，在保证评价准确性的前提下，可以大幅度提高气候适应性设计效率。

提升复合权衡能力——虽然气候适应性设计原则已经被广泛应用于建筑设计过程，但面对复杂的多参数协同时，既有设计决策制定过程存在较大不确定性和随机性，气候适应性设计决策精度不足。研究基于性能驱动设计思维，通过建立多目标建筑形态优化子流程，可以增强决策过程的多目标协同能力，从而为建筑形态设计的"主观造型"过程提供客观支撑，从而提升建筑形态气候适应性设计决策精度。

为此，需要首先基于在形体空间设计控制要素与城市气候状况之间建立起来的耦合关系——相互影响的内在规律和机制，通过将参评绿色公共建筑的关键性形体空间指标与最优化经验值进行比对，评估参评对象在其所在区域典型气候或微气候特征影响下，过热和过冷时段的蓄热、散热、保温、隔热等策略的有效性，从而提高建筑形体空间气候适应性水平。

为建立该评价体系，需要首先明确影响建筑形体空间气候适应性的客体和本体因子。所谓"客体因子"指的是太阳热辐射、日照、风、雨（雪）等关键性气候因子，用以描述所在地区极端气候条件与人体舒适要求的距离；"本体因子"指的是用于描述参评建筑形体空间性状的关键要素，主要分场地、布局、形体/空间及界面四个方面。

8.2 绿色公共建筑形体空间气候适应性评价体系

8.2.1 总则

1. 为了指导绿色公共建筑形体空间气候适应性设计，规范绿色公共建筑形体空间气候适应性评价工作，提高绿色公共建筑形体空间的气候适应性设计水平和降低其对人工环境系统的依赖性，参考《绿色建筑评价标准》TB 50378、《民用建筑绿色设计规范》JGJ/T 229、《公共建筑节能设计标准》GB 50189等现行国家标准和规范，制定本评价标准。

2. 本标准适用于绿色公共建筑形体空间的气候适应性评价，可用于指导绿色公共建筑形体空间的气候适应性设计。

3. 绿色公共建筑设计应结合功能、用能需求以及所在地区的气候特点、功能需求，按照因地制宜、统筹兼顾的原则，对绿色公共建筑的形体空间进行气候适应性优化。

4．绿色公共建筑形体空间的气候适应性评价应以本评价体系为基准进行评价。

5．绿色公共建筑形体空间的气候适应性评价中使用的计算和评价方法除应符合本体系的规定外，同时应符合国家有关标准、规范的规定。

8.2.2　术语

1．绿色公共建筑

绿色公共建筑是指在建筑全生命周期内，节约资源、保护环境、减少污染，为人们提供健康、适用、高效的公共空间，最大限度地实现人与自然和谐共生的高质量公共建筑，包含绿色办公建筑、绿色商业建筑、绿色旅游建筑、绿色科教文卫建筑、绿色通信建筑以及绿色交通运输建筑等。

2．空间

空间是一种与时间相对的物质存在方式，在建筑学中主要指由人工构筑物围合出来的、容纳一定功能与人活动的建筑虚空部分，通常通过长度、宽度和高度等指标进行表达。

3．形体

形体是指建筑外化的空间，是空间表现出的形状与结构等外在形式。

4．气候适应性

气候适应性指在外界气候条件变化的情况下，保持自身状态在一定范围内的稳定的适应特性，具体表现为对温度、湿度、光、风、水等气候因子的协调应对。

5．城市微气候

城市微气候指在区域自然气候的背景下，在城市冠层范围内——从地面一直到城市建筑物屋顶高度的区域，由城市下垫面性质和城市人类活动共同影响而形成的一种局地气候。

6．热岛强度

热岛强度指城市内一个区域的气温与郊区气温的差别，用二者代表性测点气温的差值表示，是城市热岛效应的表征参数。

7．场地遮阴率

场地遮阴率指场地遮阴措施正投影面积与红线内建筑室外场地总面积的比值。

8．绿地率

绿地率指建设项目用地范围内各类绿地面积的总和与该项目总用地面积的比值。

9．夏季场地静风区面积比

夏季场地静风区面积比指夏季典型风环境下，风速小于1m/s的区域面积与项目总用地面积的比值。

10．场地平均透风度

场地平均透风度指场地在东、南、西、北四个典型朝向上无建筑实体部分投影面积与该朝向上建筑红线间距离和最大建筑高度乘积的比值。

11．建筑密度

建筑密度指建筑基底面积与项目总用地面积的比值。

12．最佳太阳朝向面积比

最佳太阳朝向面积比指建筑形体在最佳太阳朝向上的投影面积与最大可能投影面积的比值。

13．夏季主导风向迎风面积比

夏季主导风向迎风面积比指夏季主导风向上建筑物迎风面积与最大可能建筑迎风面积的比值，对于建筑群而言，其迎风面积比是所有建筑迎风面积比的算术平均值。

14．平面离散度

平面离散度指建筑总立面面积与项目总用地面积的比值，用以表征建筑布局或形态对场地通风的影响。

15．体形系数

体形系数指建筑物与室外大气接触的外表面积与其所包围的体积的比值。

16．屋面遮蔽系数

屋面遮蔽系数指建筑物屋面遮阳构件正投影面积与屋顶面积的比值。

17. 外表面接触系数

外表面接触系数指建筑物与室外大气接触的外表面积与其所包围的建筑面积的比值。

18. 建筑被动区

建筑被动区指距离建筑外围护结构小于5.5m或室内空间净高2倍进深，以及距离中庭边界1~1.5倍室内空间净高的区域。

19. 采光空间形状指数

采光空间形状指数指建筑中中庭/天井/采光口等具有采光作用的空间，其长与宽的乘积除以高度的平方，用以描述采光空间的形态。

20. 通风架空率

通风架空率指建筑中净高超过2.5m的可穿越通风部分投影面积（F_k）与建筑基底面积（F_B）的比值。其中，可穿越式通风的架空层除了底层外，也包括18m高度以下各层中可穿越式通风的架空楼层的建筑面积，当一栋建筑的通风架空率大于100%时，取$k=100\%$。

21. 拔风空间面积比

拔风空间面积比指建筑中高宽比大于4：1的拔风空间平均截面积与总建筑面积的比值。

22. 屋面坡度

屋面坡度指屋面最低与最高点的高度差（相对于水平面）和最低点与最高点之间水平距离比值的三角函数。

23. 围护结构传热系数

围护结构传热系数是指在稳定传热条件下，围护结构两侧空气温差为1度（K或℃），单位时间通过单位面积传递的热量，单位是瓦/（平方米·度）（$W/m^2 \cdot K$，此处K可用℃代替），反映了传热过程的强弱。

24. 窗墙面积比

窗墙面积比指面向某个方向的外窗（包括透明幕墙）的总面积与该方向墙体总面积（包括窗口面积）的比值。

25. 太阳辐射反射系数

太阳辐射反射系数指材料表面反射的太阳辐射热与投射到其表面的太阳辐射热的比值。

26. 外窗有效通风面积

外窗有效通风面积指外窗可实现通风的有效面积，一般为开启扇面积和外窗开启后的空气流通界面面积的较小值。

8.2.3 基本规定

1. 一般规定

1）绿色公共建筑形体空间气候适应性评价既可以针对单栋建筑进行评价，也可对建筑群进行评价。

【条文说明】

绿色公共建筑形体空间气候适应性评价应以单栋建筑或建筑群为评价对象。单栋建筑应为完整的建筑，不对一栋建筑中的部分区域开展评价。

建筑群是指位置毗邻、功能相同、权属相同、技术体系相同（相近）的两个及以上单体建筑组成的群体。当对建筑群进行评价时，可先用本标准评分项和加分项对各单体公共建筑进行评价，得到各单体建筑的总得分，再按各单体建筑的建筑面积进行加权计算得到建筑群的总得分，最后按照建筑群的总得分确定建筑群的绿色公共建筑形体空间气候适应性等级。

2）本评价标准主要用于方案、初步设计和施工图等设计阶段，辅助建筑师对设计项目的形体空间气候适应性进行判断，并根据判断结果进行相关优化调整。

【条文说明】

本评价标准用于方案、初步设计和施工图等设计阶段，这样可以更早地掌握公共建筑的绿色性能，可以及时优化或者调整建筑方案或技术措施，为后期技术措施落地做好充分准备，并为后期建成后的运行管理做准备。

2. 评价与等级划分

1）绿色公共建筑形体空间气候适应性评价体系由场地、布局、形体/空间、界面四类指标组成。

【条文说明】

根据地域环境与气候条件对建筑形体空间产生影响的方式、时间和范围及形体空间的回应方式，本标准从宏观、中观、微观三个层面的区域环境（场地与布局）、建筑形体/空间、建筑界面三个维度对形体空间进行解析，构建公共建筑形体空间的场地、布局、形体/空间、界面四类指标。

2）绿色公共建筑形体空间气候适应性评价满分与不同气候区分值设定应符合表8-1的规定。

不同气候区绿色公共建筑形体空间气候适应性评价表　　　　表8-1

类别	序号	气候因子	关键指标	严寒地区	寒冷地区	夏热冬冷地区	夏热冬暖地区	温和地区
场地	A1	热	场地遮阴率（35）		10	10	10	5
	A2		绿地率（35）	10	5	5	5	10
	A3	风	夏季场地静风区面积比（25）	10	5	5	5	
	A4		场地平均透风度（15）		5	5	5	
布局	B1	热	建筑密度（35）	5	5	5	10	10
	B2		最佳太阳朝向面积比（15）	5	5	5		
	B3	风	夏季主导风向迎风面积比（30）	10	5	5	5	5
	B4		平面离散度（20）		5	5	5	5

续表

类别	序号	气候因子	关键指标	严寒地区	寒冷地区	夏热冬冷地区	夏热冬暖地区	温和地区
形体/空间	C1	热	体形系数（40）	25	10			5
	C2		屋面遮蔽系数（20）		5	5	5	5
	C3		外表面接触系数（10）			5	5	
	C4	光	被动区面积比（30）	5	5	5	5	10
	C5		采光空间形状指数（25）	5	5	5	5	5
	C6	风	通风架空率（15）			5	5	5
	C7		拔风空间面积比（20）		5	5	5	5
	C8	雨	屋面坡度（25）	5	5	5	5	5
界面	E1	热	围护结构热工性能（35）	10	10	5	5	5
	E2		窗墙面积比（30）	10	5	5	5	5
	E3		屋面/立面平均太阳辐射反射系数（15）			5	5	5
	E4	风	外窗有效通风面积比（25）		5	5	5	10
气候适应性评价关键指标数量				11	17	19	18	16

【条文说明】

本条规定的评价指标评分项满分值均为最高可能的分值。指标后括号内的数字表示该指标在各气候区最高得分的总和，总分越高，表明该项指标对气候适应性评价越重要。各指标分值在经过更为广泛的征求意见和试评价后，将进一步综合调整确定。

8.2.4 场地

1. 应通过设置乔木、构筑物等遮阴措施，为室外场地提供有效遮阴。评价总分：寒冷、夏热冬冷和夏热冬暖地区项目为10分，温和地区项目为5分，严寒地区项目本项不参评。不同场地遮阴率按以下规则评分。

1）＜5%的不得分。

2）≥5%的得5分（温和地区得2分）。

3）≥10%的得8分（温和地区得3分）。

4）≥15%的得10分（温和地区得5分）。

【条文说明】

室外场地包括步道、广场和停车场。遮阴措施包括绿化遮阴、构筑物遮阴、建筑日照投影遮阴。建筑日照投影遮阴面积按照夏至日 8:00~16:00有4h处于建筑阴影区域的室外活动场地面积计算。乔木遮阴面积按照成年乔木的树冠正投影面积计算。设计时按照20年或以上的成年乔木计算树冠，或参考园林设计中的推荐计算方法。构筑物遮阴面积按照构筑物正投影面积计算，对于首层架空构筑物，架空空间如果是活动空间，可计算在内。

本条的评价所需信息包括场地布局、植被选择、硬质铺地等。其中：

（1）红线范围内室外场地面积____a____ m^2；

（2）室外场地内乔木遮阴措施的正投影面积____b____ m^2；

（3）室外场地构筑物遮阴措施的正投影面积____c____ m^2；

（4）室外场地内有乔木、构筑物遮阴措施的面积比例____d____，$d=(b+c)/a \times 100\%$。

2. 应充分利用场地空间设置绿化用地。评价总分：寒冷、夏热冬冷和夏热冬暖地区项目为5分，严寒、温和地区项目为10分。不同绿地率按以下规则评分。

1）＜20%的不得分。

2）≥20%的得2分（严寒、温和地区得5分）。

3）≥25%的得3分（严寒、温和地区得8分）。

4）≥30%的得5分（严寒、温和地区得10分）。

【条文说明】

绿地包括建设项目用地中各类用作绿化的用地。合理设置绿地可起到改善和美化环境、调节小气候、缓解城市热岛效应等作用，因此，应鼓励公共建筑项目优化建筑布局，提供更多的绿化用地或绿化广场，创造更加宜人的公共空间。

本条的评价所需信息包括绿地面积、总用地面积等。其中：

（1）红线范围内各类绿化用地面积___a___m²；

（2）红线范围内总用地面积___b___m²；

（3）绿地率___c___，$c=a/b \times 100\%$。

3. 场地内风环境应兼顾在夏季、过渡季带走更多场地的热量，以及建筑实现自然通风的需要，因此，应尽量将夏季场地静风区面积比控制在较低水平。评价总分：寒冷、夏热冬冷和夏热冬暖地区项目为5分，严寒地区项目10分，温和地区项目本项不参评。与基准建筑工况相比，不同夏季场地静风区面积比按以下规则评分。

1）与基准建筑工况相比，降低幅度<5%的不得分。

2）与基准建筑工况相比，降低幅度≥5%的得2分（严寒地区得5分）。

3）与基准建筑工况相比，降低幅度≥10%的得3分（严寒地区得8分）。

4）与基准建筑工况相比，降低幅度≥15%的得5分（严寒地区得10分）。

【条文说明】

夏季、过渡季通风不畅在某些区域形成无风区或涡旋区，将影响室外散热和污染物消散。

本条的评价应首先建立一个以与项目建筑相同建筑面积和平均层数为基准的正方形、正南北向场地居中放置的基准建筑，分别采用同一个流体动力学（CFD）手段，同地区夏季典型风向、风速对项目建筑和基准建筑的室外风环境进行模拟，比较二者在场地静风区面积比方面的关系。

本条的评价所需信息包括静风区面积、总用地面积等。其中：

（1）红线范围内静风区面积___a___m²；

（2）红线范围内总用地面积___ b ___m²；

（3）场地静风区面积比___ c ___，c=a/b×100%。

4. 公共建筑应满足一定的透风度要求，避免过于封闭的场地建筑组织，阻挡城市主要来风，导致项目内部风环境恶化。评价总分：寒冷、夏热冬冷和夏热冬暖地区项目为5分，严寒、温和地区项目本项不参评。不同场地平均透风度按以下规则评分。

1）＜20%的不得分。

2）≥20%的得2分。

3）≥25%的得3分。

4）≥30%的得5分。

【条文说明】

随着建筑群布局和建筑体形封闭度的提高，可导致场地通风阻力大、通风条件差，直接影响建筑与场地的散热，加剧热岛效应。为了保证建筑或建筑群具备较好的通风散热能力，有必要对影响项目场地通风条件的建筑物透风度作出相应规定。

按照《香港规划标准与准则》（HKPSG）的要求，夏季主导风向上的地块建筑低层区（0～20m）、中层区（20～60m）和高层区（60m以上），每一个层面的建筑透风度都必须≥20%，而底层裙房一般间距较小，因此，低层区一般需通过底层架空等策略达到该强制性要求。建筑最大投影长度也应受到街道宽度的限制，即位于街道中线两边30m范围内的建筑最大投影长度不得大于5倍街道宽度。这一要求进一步限制了屏风楼的出现。参考《香港规划标准与准则》（HKPSG），本标准制定了场地平均透风度的要求（表8-2）。

建筑透风度要求   表8-2

最高建筑高度（H）	透风度	
	用地面积＜2hm²，建筑单方向连续投影长度≥60m	用地面积≥2hm²
H≤60m	20%（某一面），20%（相应侧面）	20%（某一面），25%（相应侧面）
H＞60m	20%（某一面），20%（相应侧面）	20%（某一面），33.3%（相应侧面）

本条需要的评价信息包括：东、西、南、北四个典型朝向上，场地红线投影边界与最大建筑高度之间的镂空部分投影面积、建筑实体部分投影面积。其中：

（1）最大建筑高度___a___m；

（2）典型朝向上红线间距___b_i___m，i=东、南、西、北；

（3）典型朝向上的建筑投影面积___c_i___m^2，i=东、南、西、北；

（4）场地平均透风度___d___，$d=\sum c_i / \sum a \cdot b_i \times 100\%$。

8.2.5 布局

1. 应根据项目所在地区的气候特征，合理控制绿色公共建筑的密度。评价总分：严寒、寒冷、夏热冬冷地区项目为5分，夏热冬暖及温和地区项目为10分。不同建筑密度按以下规则评分。

1）＞60%的不得分。

2）≤60%的得2分（夏热冬暖及温和地区得5分）。

3）≤40%的得3分（夏热冬暖及温和地区得8分）。

4）≤30%的得5分（夏热冬暖及温和地区得10分）。

【条文说明】

有关研究表明，不同城市的不同类型公共建筑的空调冷负荷均随建筑密度增大而增加。当建筑密度小于0.4时，建筑间的遮蔽效应不明显，对区域气流组织改变也不明显，因此建筑空调冷负荷增加不明显。当建筑密度由0.4增大到0.6时，建筑密度的增大使建筑区域内气流阻力也增大，通风效率降低，导致场地内热量积聚不易扩散，局部气温上升，为维持建筑室内舒适度，需要通过空调系统输入更多冷量，建筑空调冷负荷增大。

本条需要的评价信息包括场地用地面积、建筑基底面积。其中：

（1）建筑基底面积___a___m^2；

（2）场地总用地面积___b___m^2；

（3）建筑密度___c___，$c=a/b \times 100\%$。

2. 应通过合理规划，使得绿色公共建筑获得更有效利用太阳能的基础条件。评价总分：严寒、寒冷、夏热冬冷地区项目为5分，夏热冬暖、温和地区项目本项不参评。不同最佳太阳朝向面积比按以下规则评分。

1）＜40%的不得分。

2）≥40%的得2分。

3）≥60%的得3分。

4）≥80%的得5分。

【条文说明】

不同地区有着不同的太阳高度角与方位角特征，综合考虑太阳辐射对建筑的供冷、采暖影响，可计算得出特定地区的最佳太阳朝向。处在最佳太阳朝向下的建筑立面面积越大，该建筑可以获得越好的太阳能利用条件，因此通过比较不同项目的最佳太阳朝向面积比，可以判断该项目布局方式对太阳能利用的潜力。

本条需要的评价信息包括建筑在最佳太阳朝向上的投影面积、最大可能投影面积。其中：

（1）建筑在最佳太阳朝向上的投影面积___a___ m²；

（2）最大可能投影面积___b___ m²；

（3）最佳太阳朝向面积比___c___，$c=a/b \times 100\%$。

3. 应对建筑的夏季主导风向迎风面积比作出限值规定，以确保形成有利于通风和排热的建筑空间形态。评价总分：严寒地区项目为10分，其他地区项目为5分。不同夏季主导风向迎风面积比按以下规则评分。

1）严寒、寒冷地区项目＞85%，夏热冬冷、温和地区项目＞80%，夏热冬暖地区＞70%的不得分。

2）寒冷地区项目≤85%，夏热冬冷、温和地区项目≤80%，夏热冬暖地区≤70%的得2分（严寒地区项目≤85%的得5分）。

3）寒冷地区项目≤75%，夏热冬冷、温和地区项目≤70%，夏热冬暖地区≤60%的得3分（严寒地区项目≤75%的得8分）。

4）寒冷地区项目≤65%，夏热冬冷、温和地区项目≤60%，夏热冬暖地区≤50%的得5分（严寒地区项目≤65%的得10分）。

【条文说明】

相关研究表明，建筑平均迎风面积比可体现建筑对风速的阻碍作用，建筑平均迎风面积比较小时，建筑对风速的阻碍也较小，有利于形成均匀的风场分布，有利于环境通风，区域内气流组织形式更合理。当建筑平均迎风面积比增大时，不同城市的各类建筑空调冷负荷均随之增大。当建筑平均迎风面积比增大时，由于前排建筑物的阻挡，后排建筑区域形成较长的风影区，使得街区内风速变弱而不利于热量扩散，室外气温上升，导致空调冷负荷也随之增大。因此，为合理控制公共建筑区域的热岛强度和热安全的基本通风要求，应对其夏季主导风向的迎风面积比作出限值规定。

由于目前针对公共建筑的相关研究仍无成熟结论，本标准借鉴《城市居住区热环境设计标准》JGJ 286—2013中的相关规定性要求，结合项目试算，得出各评价得分要求（表8-3）。

不同气候区平均迎风面积比要求　　　　　　　　表8-3

建筑气候区	Ⅰ、Ⅱ、Ⅵ、Ⅶ 严寒、寒冷建筑气候区	Ⅲ、Ⅴ 夏热冬冷、温和建筑气候区	Ⅳ夏热冬暖 建筑气候区
平均迎风面积比	≤0.85	≤0.80	≤0.70

本条需要的评价信息包括建筑在夏季主导风向上的投影面积、最大可能投影面积。其中：

（1）建筑在夏季主导风向上的投影面积＿＿a＿＿m²；

（2）最大可能投影面积＿＿b＿＿m²；

（3）夏季主导风向迎风面积比＿＿c＿＿，$c=a/b×100\%$。

4. 应科学规划，合理控制建筑平面布局的松散程度，以确保场地获得良好的自然通风效果，降低区域热岛强度。评价总分：严寒地区项目本项不参评，其他地区项目5分。与基准建筑工况相比，不同平面离散度按以下规则评分。

1）与基准建筑工况相比，降低幅度<5%的不得分。

2）与基准建筑工况相比，降低幅度≥5%的得2分。

3）与基准建筑工况相比，降低幅度≥10%的得3分。

4）与基准建筑工况相比，降低幅度≥15%的得5分。

【条文说明】

相关研究表明，随着建筑平面离散度对于场地和建筑单体的通风能力的提升或下降有着明显的相关性，一般而言，随着建筑平面离散度的增加，场地通风能力会随之下降，但建筑群单体通风能力会得到一定程度提高。在建筑布局阶段，应在兼顾单体通风效能的同时，优先优化场地的通风能力，从而营造出一个更舒适的外部微气候环境。因此，为合理控制公共建筑区域的热岛强度和热安全的基本通风要求，应合理控制建筑平面离散度，使其处于一个相对平衡的状态。

本条评价应首先建立一个以与项目建筑相同建筑面积和平均层数为基准的正方形、正南北向场地居中放置的基准建筑。

本条需要的评价信息包括评价建筑与基准建筑总立面面积、建筑总用地面积。其中：

（1）评价建筑总立面面积___a___m^2

（2）建筑总用地面积___b___m^2；

（3）基准建筑总立面面积___a_1___m^2；

（4）评价建筑平面离散度___c___，$c=a/b\times100\%$；

（5）基准建筑平面离散度___c_1___，$c_1=a_1/b\times100\%$；

（6）评价建筑与基准建筑的平面离散度差值___d___，$d=c-c_1$。

8.2.6 形体和空间

1. 建筑体形宜规整紧凑，避免过多的凹凸变化。评价总分：严寒地区项目为25分，寒冷地区项目为10分，温和地区项目为5分，夏热冬冷、夏热冬暖地区项目本项不参评。不同体形系数按以下规则评分。

1）＞0.4的不得分。

2）≤0.4，严寒地区的得8分，寒冷地区的得5分，温和地区的得2分。

3）≤0.3，严寒地区的得15分，寒冷地区的得8分，温和地区的得3分。

4）≤0.2，严寒地区的得25分，寒冷地区的得10分，温和地区的得5分。

【条文说明】

相关研究表明，2～4层的低层公共建筑体形系数基本在0.40左右，5～8层的多层建筑体形系数在0.30左右，高层和超高层建筑的体形系数一般小于0.25。实际工程中，单栋面积300m²以下的小规模建筑，或者形状奇特的极少数建筑有可能体形系数超过0.50。在夏热冬冷和夏热冬暖地区，建筑体形系数对空调和供暖能耗也有一定影响，但由于室内外的温差远不如严寒和寒冷地区大，尤其是对部分内部发热量很大的商场类建筑，还存在夜间散热问题，所以不对体形系数提出具体要求，但也应考虑建筑体形系数对能耗的影响。

在《公共建筑节能设计标准》GB 50189中，要求800m²以上公共建筑的体形系数应≤0.4。

本条需要的评价信息包括建筑外围护结构总表面积、建筑总体积。其中：

（1）建筑总表面积___a___m²；

（2）总表面积围合下的建筑总体积___b___m³；

（3）体形系数___c___，c=a/b。

2. 应选用与当地气候、物产相适应的屋面遮蔽材料及构件，提高对建筑屋面直射阳光的遮蔽。评价总分5分，严寒地区项目本项不参评。不同屋面遮蔽系数按以下规则评分。

1）＜5%的不得分。

2）≥5%的得2分。

3）≥10%的得3分。

4）≥15%的得5分。

【条文说明】

研究表明，建筑屋面承接了大量太阳直射光，直接太阳辐射得热较大。通过设置屋顶遮阳构件，提高屋面遮蔽系数，可有效改善室内热环境、降低空调能耗，运用合理的屋顶遮阳构件可有效降低能耗，调节室内人体舒适性。

本条需要的评价信息包括屋顶遮阳构件正投影面积、屋顶面积。其中：

（1）屋顶遮阳构件正投影面积___a___m²；

（2）建筑屋顶面积___b___m²；

（3）屋面遮蔽系数___c___，c=a/b×100%。

3. 在夏热冬冷及夏热冬暖地区，应合理控制与周边环境直接接触的建筑外表面的大小。评价总分：夏热冬冷、夏热冬暖地区项目为5分，其他地区项目本项不参评。不同外表面接触系数按以下规则评分。

1）<0.2的不得分。

2）≥0.2的得2分。

3）≥0.3的得3分。

4）≥0.4的得5分。

【条文说明】

相关研究表明，"外表面接触系数"指标可以较准确地反映建筑实体和外部环境（采光、通风、景观）之间可能发生渗透的程度，即该指标越大，单位建筑面积对应的外表立面面积越大，可以开窗的面积比例也越大，室内空间获得良好的自然采光、通风与景观的可能性就越大；反之，单位建筑面积对应的立面面积越小，可以开窗的面积比例也越小，导致更少的自然光照射进建筑内部，也会减少室内空间的使用者看到户外景观或者天空的机会，造成更多心理感受方面的封闭感与压抑感，从而降低了室内的空间品质。同时，建筑与外界的接触面和建筑的外表面热传导有显著关系，建筑外表面接触系数越大，建筑单位面积外皮得热或热损失也会越大。对于夏热冬冷和夏热冬暖地区而言，建筑与外部环境的交流非常重要，因而有必要在这两个区域用该指标对建筑形体空间作出规定。

本条需要的评价信息包括建筑外表面面积、建筑面积。其中：

（1）建筑外表面面积___a___m²；

（2）地上总建筑面积＿＿*b*＿＿m²；

（3）外表面接触系数＿＿*c*＿＿，*c*=*a*/*b*。

4. 应合理控制建筑被动区范围，提高建筑直接接触和利用自然采光、通风的可能性，最大限度利用自然环境满足室内舒适度要求。评价总分：温和地区项目为10分，严寒、寒冷、夏热冬冷和夏热冬暖地区项目为5分。不同被动区面积比按以下规则评分。

1）与基准建筑工况相比，提升幅度＜10%的不得分。

2）与基准建筑工况相比，提升幅度≥10%的温和地区项目得5分，其他地区的得2分。

3）与基准建筑工况相比，提升幅度≥30%的温和地区项目得8分，其他地区的得3分。

4）与基准建筑工况相比，提升幅度≥50%的温和地区项目得10分，其他地区的得5分。

【条文说明】

公共建筑一般都具有较大进深，这使得超出被动区范围的室内空间，通常只能依靠人工照明、机械通风甚至空调调节来实现正常使用所需的热、光和空气等物理性能。建筑周边的"被动区"空间一般可以获得良好的自然采光、通风，通过建筑形体空间的合理设计，可以提高"被动区"的面积占比，从而减少对人工机电系统的依赖，降低相应的能耗。剑桥大学的尼克·贝克（Nick Baker）与科恩·斯蒂莫斯（Koen Steemers）定义被动区为距离建筑外墙5.5m或室内空间净高2倍的进深区域，建筑中庭周边则为室内空间净高1~1.5倍的进深区域。

本条评价应首先建立一个以与项目建筑相同建筑面积和平均层数为基准的正方形、正南北向场地居中放置的基准建筑。

本条需要的评价信息包括被动区建筑面积、总建筑面积。其中：

（1）被动区建筑面积＿＿*a*＿＿m²；

（2）总建筑面积＿＿*b*＿＿m²；

（3）被动区面积比＿＿*c*＿＿，*c*=*a*/*b*×100%。

5. 应合理利用中庭、天井等空间，提高公共建筑的自然采光和自然通风水平。评价总分为5分。不同采光空间形状指数按以下规则评分。

1）未设置中庭、天井等增强采光空间的不得分。

2）≥0.1的得2分。

3）≥0.15的得3分。

4）≥0.3的得5分。

【条文说明】

相关研究表明，中庭/天井截面面积越大、高度越小，中庭/天井两侧房间采光系数越大，自然采光效果越好。

本条需要的评价信息包括中庭/天井的截面面积和高度。其中：

（1）中庭/天井的截面面积____a____m^2；

（2）中庭/天井的高度____b____m；

（3）采光空间形状指数____c____，$c=a/b^2$。

6. 应通过一定的可穿越通风空间，缓解建筑对场地风的阻隔作用。评价总分：夏热冬冷、夏热冬暖及温和地区项目为5分，严寒和寒冷地区项目本项不参评。不同通风架空率按以下规则评分。

1）<10%的不得分。

2）≥10%的得2分。

3）≥30%的得3分。

4）≥50%的得5分。

【条文说明】

建筑空间布局对其周边公共场所的自然通风有着直接影响。尤其对于夏热冬暖、夏热冬冷以及温和地区争取场地夏季自然通风，对降低城市热岛强度、减少有害病菌滋生和繁殖速度都至关重要。因而需要确保建筑"风影区"或"涡流区"尽可能小。模拟分析和实测表明，建筑物背后地面行人高度上的风影长度是随着底层架空率的增大而缩小，当建筑底层架空率从0增至10%时，80m长度的建筑背后的风影长度从75m缩短到35m，从而有效改善场地的通风条件。

本条需要的评价信息包括可穿越通风部分水平投影面积、建筑基底面积。其中：

（1）可穿越通风部分水平投影面积___a___ m²；

（2）建筑基底面积___b___ m²；

（3）通风架空率___c___，c=a/b×100%。

7. 应利用热压通风原理，合理布置中庭、天井、拔风井等拔风空间，组织室内自然通风。评价总分：寒冷、夏热冬冷、夏热冬暖及温和地区项目为5分，严寒地区项目本项不参评。不同拔风空间面积比按以下规则评分。

1）<0.2%的不得分。

2）≥0.2%的得2分。

3）≥0.3%的得3分。

4）≥0.5%的得5分。

【条文说明】

相关研究表明，中庭、天井、拔风井等拔风空间的进出风口垂直高差越大，拔风空间面积比要求越低（图8-1）。因此，本标准要求纳入评价的拔风空间应确保高宽比不小于4∶1。

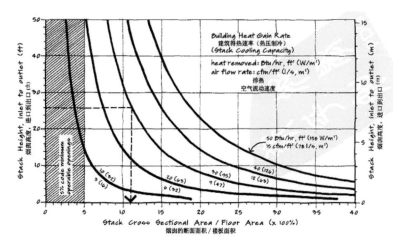

图8-1
拔风空间面积比取值区间建议（室内外温差1.7℃）[5]

本条需要的评价信息包括拔风空间平均截面积、总建筑面积。其中：

（1）拔风空间平均截面积___a___m²；

（2）总建筑面积___b___m²；

（3）拔风空间面积比___c___，c=a/b×100%。

8. 应设计与区域降雨量相匹配的屋顶坡度，提高建筑屋面的排水效果（表8-4）。评价总分为5分，年均降雨量低于200mm的地区本项不参评。不同屋面坡度按以下规则评分。

1）未达到所在地区年均降雨量对应的坡度低限值的或超过高限值的不得分。

2）达到所在地区年均降雨量对应的坡度低限值的得2分。

3）达到所在地区年均降雨量对应的坡度中值的得3分。

4）达到所在地区年均降雨量对应的坡度高限值的得5分。

不同年均降雨量地区对应的适宜屋顶坡度范围　　　　表8-4

年均降雨量（mm）	200~500	500~1500	≥1500
屋顶坡度（°）	5~10	10~15	15~30

【条文说明】

相关研究表明，降水量、雪荷载、风速、日照时数、温度等气候因子，均在某种程度上影响着建筑的屋面坡度，其中降雨量是决定屋顶坡度的主要气候因子，降雨量越大屋面坡度越大，降雨量越小屋面坡度越小。不同坡度的屋面适用不同材料及构造做法。

本条需要的评价信息包括屋面最低与最高点之间的高度差（相对于水平面）、最低与最高点之间的水平距离。其中：

（1）屋面最低与最高点之间的高度差（相对于水平面）___a___m；

（2）屋面最低与最高点之间的水平距离___b___m；

（3）屋面坡度___c___°，$c=\arctan(a/b)$。

界面

1. 应优先确保围护结构热工性能达到或超过《公共建筑节能设计标准》GB 50189 的相关要求。评价总分：严寒、寒冷地区项目为10分，夏热冬冷、夏热冬暖和温和地区项目为5分。不同热工性能提升值按以下规则评分。

1）提高幅度<5%的不得分。

2）提高幅度≥5%的得2分（严寒、寒冷地区项目得5分）。

3）提高幅度≥10%的得3分（严寒、寒冷地区项目得8分）。

4）提高幅度≥15%的得5分（严寒、寒冷地区项目得10分）。

【条文说明】

采用热工性能良好的建筑围护结构是降低公共建筑能耗的重要途径之一。各地区建筑围护结构的设计应因地制宜，根据建筑物所处的气候特点和技术情况，在经济合理和技术可行的前提下，确定合理的建筑围护结构热工性能参数。

对于夏热冬暖地区，不要求其围护结构传热系数K进一步降低，只规定了其透明围护结构的太阳得热系数SHGC（公共建筑）或遮阳系数SC（住宅建筑）的降低要求。对于严寒和寒冷地区，不要求其透明围护结构的太阳得热系数SHGC或遮阳系数SC进一步提升（但窗墙面积比超过0.5的朝向除外），只对其围护结构（包括透明围护结构和非透明围护结构）的传热系数K提出更高要求。

本条需要的评价信息包括屋面、外墙、外窗和屋顶透明部分传热系数，以及各朝向太阳得热系数SHGC。具体性能提升对应的取值要求如表8-5所示。

甲类公共建筑围护结构热工性能要求　　　　　　　　　　　表8-5

性能提高幅度	维护结构部位	传热系数K [W/(m²·K)]								太阳得热系数SHGC(东、南、西向/北向)		
		严寒A、B区		严寒C区		寒冷地区		夏热冬冷地区	夏热冬暖地区温和A区	寒冷地区	夏热冬冷地区温和地区	夏热冬暖地区
		体形系数≤0.3	0.3<体形系数≤0.5	体形系数≤0.3	0.3<体形系数≤0.5	体形系数≤0.3	0.3<体形系数≤0.5					
达到5%	屋面	≤0.27	≤0.24	≤0.33	≤0.27	≤0.43	≤0.38	≤0.38(D≤2.5) ≤0.48(D>2.5)	≤0.48(D≤2.5) ≤0.76(D>2.5)	无要求	无要求	无要求
	外墙(包括非透明幕墙)	≤0.36	≤0.33	≤0.41	≤0.36	≤0.48	≤0.43	≤0.57(D≤2.5) ≤0.76(D>2.5)	≤0.76(D≤2.5) ≤1.43(D>2.5)	无要求	无要求	无要求
	单一立面外窗(包括透光幕墙) 窗墙面积比≤0.20	≤2.6	≤2.4	≤2.8	≤2.6	≤2.9	≤2.7	≤3.3	≤4.9	无要求	无要求	≤0.42/无要求
	0.20<窗墙面积比≤0.30	≤2.4	≤2.2	≤2.5	≤2.3	≤2.6	≤2.4	≤2.9	≤3.8	≤0.49/无要求	≤0.42/0.46	≤0.42/0.49
	0.30<窗墙面积比≤0.40	≤2.1	≤1.9	≤2.2	≤2.0	≤2.3	≤2.1	≤2.5	≤2.9	≤0.46/无要求	≤0.38/0.42	≤0.33/0.42
	0.40<窗墙面积比≤0.50	≤1.8	≤1.6	≤1.9	≤1.6	≤2.1	≤1.8	≤2.3	≤2.6	≤0.41/无要求	≤0.33/0.38	≤0.33/0.38
	0.50<窗墙面积比≤0.60	≤1.5	≤1.3	≤1.6	≤1.4	≤1.9	≤1.6	≤2.1	≤2.4	≤0.38/无要求	≤0.33/0.38	≤0.25/0.33
	0.60<窗墙面积比≤0.70	≤1.4	≤1.3	≤1.6	≤1.4	≤1.8	≤1.6	≤2.1	≤2.4	≤0.33/0.57	≤0.29/0.33	≤0.23/0.29
	0.70<窗墙面积比≤0.80	≤1.3	≤1.2	≤1.4	≤1.3	≤1.5	≤1.4	≤1.9	≤2.4	≤0.33/0.49	≤0.25/0.33	≤0.21/0.25
	屋顶透明部分(屋顶透光部分面积≤20%)	≤2.1		≤2.2		≤2.3		≤2.5	≤2.9	≤0.42(体形系数≤0.30) ≤0.33(0.30<体形系数≤0.50)	≤0.29	≤0.29
达到10%	屋面	≤0.25	≤0.23	≤0.32	≤0.25	≤0.41	≤0.36	≤0.36(D≤2.5) ≤0.45(D>2.5)	≤0.45(D≤2.5) ≤0.72(D>2.5)	无要求	无要求	无要求
	外墙(包括非透明幕墙)	≤0.34	≤0.32	≤0.39	≤0.34	≤0.45	≤0.41	≤0.54(D≤2.5) ≤0.72(D>2.5)	≤0.72(D≤2.5) ≤1.35(D>2.5)	无要求	无要求	无要求
	单一立面外窗(包括透光幕墙) 窗墙面积比≤0.20	≤2.4	≤2.3	≤2.6	≤2.4	≤2.7	≤2.5	≤3.2	≤4.7	无要求	无要求	≤0.40/无要求
	0.20<窗墙面积比≤0.30	≤2.3	≤2.1	≤2.3	≤2.2	≤2.4	≤2.3	≤2.7	≤3.6	≤0.47/无要求	≤0.40/0.43	≤0.40/0.47
	0.30<窗墙面积比≤0.40	≤2.0	≤1.8	≤2.1	≤1.9	≤2.0	≤2.0	≤2.3	≤2.7	≤0.43/无要求	≤0.36/0.40	≤0.32/0.40
	0.40<窗墙面积比≤0.50	≤1.7	≤1.5	≤1.8	≤1.5	≤2.0	≤1.7	≤2.2	≤2.4	≤0.39/无要求	≤0.32/0.36	≤0.32/0.36
	0.50<窗墙面积比≤0.60	≤1.4	≤1.3	≤1.5	≤1.4	≤1.8	≤1.5	≤2.0	≤2.3	≤0.36/无要求	≤0.32/0.36	≤0.23/0.32
	0.60<窗墙面积比≤0.70	≤1.4	≤1.3	≤1.5	≤1.4	≤1.7	≤1.5	≤2.0	≤2.3	≤0.32/0.54	≤0.27/0.32	≤0.22/0.27
	0.70<窗墙面积比≤0.80	≤1.3	≤1.2	≤1.4	≤1.3	≤1.4	≤1.4	≤1.8	≤2.3	≤0.32/0.47	≤0.23/0.32	—
	屋顶透明部分(屋顶透光部分面积≤20%)	≤2.0		≤2.1		≤2.2		≤2.3	≤2.7	≤0.40(体形系数≤0.30) ≤0.32(0.30<体形系数≤0.50)	≤0.27	≤0.27
达到15%	屋面	≤0.24	≤0.21	≤0.30	≤0.24	≤0.38	≤0.34	≤0.34(D≤2.5) ≤0.43(D>2.5)	≤0.43(D≤2.5) ≤0.68(D>2.5)	无要求	无要求	无要求
	外墙(包括非透明幕墙)	≤0.32	≤0.30	≤0.37	≤0.32	≤0.43	≤0.38	≤0.51(D≤2.5) ≤0.68(D>2.5)	≤0.68(D≤2.5) ≤1.28(D>2.5)	无要求	无要求	无要求
	单一立面外窗(包括透光幕墙) 窗墙面积比≤0.20	≤2.3	≤2.1	≤2.5	≤23	≤2.6	≤2.4	≤3.0	≤4.4	无要求	无要求	≤0.37/无要求
	0.20<窗墙面积比≤0.30	≤2.1	≤2.0	≤2.2	≤2.0	≤2.3	≤2.1	≤2.6	≤3.4	≤0.44/无要求	≤0.38/0.41	≤0.37/0.44
	0.30<窗墙面积比≤0.40	≤1.9	≤1.7	≤2.0	≤1.8	≤2.0	≤1.9	≤2.2	≤2.6	≤0.41/无要求	≤0.34/0.37	≤0.30/0.37
	0.40<窗墙面积比≤0.50	≤1.6	≤1.4	≤1.7	≤1.4	≤1.9	≤1.6	≤2.0	≤2.3	≤0.37/无要求	≤0.30/0.34	≤0.30/0.34
	0.50<窗墙面积比≤0.60	≤1.4	≤1.2	≤1.4	≤1.3	≤1.7	≤1.4	≤1.9	≤2.1	≤0.30/0.34	≤0.30/0.34	≤0.22/0.30
	0.60<窗墙面积比≤0.70	≤1.3	≤1.2	≤1.4	≤1.3	≤1.6	≤1.4	≤1.9	≤2.1	≤0.30/0.51	≤0.26/0.30	—
	0.70<窗墙面积比≤0.80	≤1.2	≤1.1	≤1.3	≤1.2	≤1.4	≤1.3	≤1.7	≤2.1	≤0.30/0.44	≤0.22/0.30	—
	屋顶透明部分(屋顶透光部分面积≤20%)	≤1.9		≤2.0		≤2.0		≤2.2	≤2.6	≤0.37(体形系数≤0.30) ≤0.30(0.30<体形系数≤0.50)	≤0.26	≤0.26

注：1. 对于窗墙面积比大于 0.80 的情况，直接视为无法满足性能提高要求。
　　2. 表中的"—"表示用参数值来判断性能提升的办法不再适用。
　　3. D 为围护结构热惰性指标。

2. 应合理控制窗墙面积比，减少通过外窗的过度得热与散热。评价总分：严寒地区项目为10分，寒冷、夏热冬冷、夏热冬暖及温和地区项目为5分。不同窗墙面积比按以下规则评分。

1）严寒、寒冷地区＞60%，其他地区＞70%的不得分。

2）≤70%的得2分（严寒地区项目≤60%的得5分）。

3）≤60%的得3分（严寒地区项目≤50%的得8分）。

4）≤50%的得5分（严寒地区项目≤40%的得10分）。

【条文说明】

窗墙面积比的确定要综合考虑多方面因素，其中最主要的是不同地区冬夏季日照情况（日照时间长短、太阳总辐射强度、阳光入射角大小）、季风影响、室外空气温度、室内采光设计标准以及外窗开窗面积与建筑能耗等因素。一般普通窗户（包括阳台门的透光部分）的保温隔热性能比外墙差很多，窗墙面积比越大，供暖和空调能耗也越大。因此，从降低建筑能耗的角度出发，必须限制窗墙面积比。

本条需要的评价信息包括外窗面积、外墙面积。其中：

（1）外窗面积___a___m^2；

（2）外墙面积___b___m^2；

（3）窗墙面积比___c___，$c=a/b\times100\%$。

3. 应合理选择建筑屋顶与立面材料，提高建筑形体本身的太阳辐射反射能力。评价总分：夏热冬冷、夏热冬暖及温和地区项目为5分，寒冷、严寒地区项目本项不参评。不同外表面平均太阳辐射反射系数按以下规则评分。

1）＜0.3的不得分。

2）≥0.3的得2分。

3）≥0.4的得3分。

4）≥0.5的得5分。

【条文说明】

材料太阳辐射反射系数是对其抗拒太阳辐射热能力的量度，主要通过材料在全日照下温度的升高来显示其数值，它不仅受材料的太阳辐射反射率影响，同时还受红外线发射率影响。标准黑色为0，标准白色为1。

　　建筑立面（非透明外墙，不包括玻璃幕墙）、屋顶采用太阳辐射反射系数较大的材料，可降低太阳得热或蓄热，降低表面温度，达到降低热岛强度、改善室外热舒适性的目的。常见的普通材料和颜色的反射系数如表8-6所示。

典型材料太阳辐射反射系数　　　　　　表8-6

面层类型	颜色	太阳辐射反射系数
草地	绿色	0.20
乔灌草复合绿地	绿色	0.22
水面	—	0.04
普通水泥、透水砖、植草砖	灰色	0.26
普通地砖	深灰	0.13
浅色涂料	浅黄、浅红	0.50
红涂料、油漆	大红	0.26
棕色、黑色喷泉漆	中棕、中绿色	0.21
石灰或白水泥粉刷墙面	白色	0.52
水刷石墙面	浅色	0.32
水泥粉刷墙面	浅灰	0.44
砂石粉刷面	深色	0.43
浅色饰面砖	浅黄、浅白	0.50
红砖墙	红色	0.22~0.3
混凝土砌块	灰色	0.35
混凝土墙	深灰	0.27

注：主要数据参考自《城市居住区热环境设计标准》《民用建筑热工设计规范》。

　　本条需要的评价信息包括立面平均太阳辐射反射系数、总立面面积、屋面平均太阳辐射反射系数、屋面面积。其中：

（1）立面平均太阳辐射反射系数 __a__ ，$a=\sum a_i \cdot b_i/b$，a_i为i种材料的太阳辐射反射系数，b_i为该材料的面积；

（2）总立面面积 __b__ m²；

（3）屋面平均太阳辐射反射系数 __c__ ，$c=\sum c_i \cdot d_i/d$，c_i为i种材料的太阳辐射反射系数，d_i为该材料的面积；

（4）屋面面积 __d__ m²；

（5）外表面平均太阳辐射反射系数 __e__ ，$e=(a \cdot b+c \cdot d)/(b+d)$。

4. 应优化外窗开启设计，通过开启外窗通风来获得热舒适性和良好的室内空气品质。评价总分：寒冷、夏热冬冷、夏热冬暖地区项目为5分，温和地区项目为10分，严寒地区项目本项不参评。不同外窗有效通风面积比按以下规则评分。

1）<5%的不得分。

2）≥5%的得2分（温和地区得5分）。

3）≥10%的得3分（温和地区得8分）。

4）≥15%的得5分（温和地区得10分）。

【条文说明】

公共建筑一般室内人员密度较大，建筑室内空气流动，特别是自然、新鲜空气的流动，是保证建筑室内空气质量符合国家有关标准的关键。外窗可开启面积过小会严重影响建筑室内的自然通风效果，本条规定是为了使室内人员在较好的室外气象条件下，可以通过开启外窗通风来获得热舒适性和良好的室内空气品质。在不同的建筑围护结构性能和室外风速条件下，其适宜的取值有所不同，随着室外风速的提高，该指标要求降低；同样室外风速下，围护结构保温隔热性能越好，该指标要求越低。

本条需要的评价信息包括典型朝向外窗有效通风面积、同朝向外墙面积。其中：

（1）外窗有效通风总面积 __a__ m²；

（2）总立面面积 __b__ m²；

（3）外窗有效通风面积比 __c__ ，$c=a/b×100\%$。

8.3 项目试评与体系拓展

世博园中国馆项目试评

1．项目概况

中国北京世界园艺博览会中国馆位于北京市延庆区西南部，是2019年中国北京世界园艺博览会园区（以下简称"园区"）的核心景观区，位于山水园艺轴中部，紧邻中国展园，北侧为妫汭湖及演艺中心，西侧为山水园艺轴及植物馆，东侧为中国展园及国际馆，南侧为园区主入口。本项目由序厅、展厅、多功能厅、办公、贵宾接待、观景平台、地下人防库房、设备机房、室外梯田等构成。展厅以展示中国园艺为主，还包括走道、交通核、卫生间、坡道、库房及设备用房等空间。总用地面积为48000m²，建筑面积为23000m²，建筑高度23.8m。建筑地上2层（局部夹层），地下1层（图8-2～图8-4）。

本项目为科技中心首批按照绿色建筑新国家标准即《绿色建筑评价标准》GB/T 50378—2019组织评价的三星级绿色建筑项目，设计风格主张建筑与环境、场地、文脉

图 8-2　项目鸟瞰图

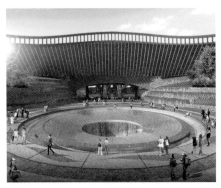 

图 8-3 项目效果图   图 8-4 项目夜景图

相结合，因地制宜创造出符合地域特点的建筑。园区内保存了场地原有重要的自然资源，园区内年径流总量控制率达到90%，100%采用生态岸线，合理设置了绿色屋顶。园区内冲厕用水、绿化灌溉用水、道路浇洒用水、景观水体用水全部使用非传统水源，分别占其总用水量比例的8.8%、30.4%、3.9%、100%，非传统水源综合利用率为78%。使用地道风系统设计，满足大部分日常通风需求，降低建筑能耗。

2. 项目评价指标分析

中国北京世界园艺博览会中国馆项目气候适应性指标情况如下。

1) 场地

（1）场地遮阴率、绿地率

本项目场地绿地面积12000m²，绿地率达到25%（图8-5）。场地中处于阴影区外的步道、游憩场、庭院、广场等室外活动场地面积为28088m²，室外活动场地种植多种本地乔木，室外活动场地乔木遮阴措施的面积约为320m²，两个场馆之间的活动场地由建筑屋盖覆盖，达到遮阴防雨效果，该部分面积为1084.40m²，室外活动场地遮阴面积比约为5.0%（图8-6）。

（2）夏季场地静风区

北京地区常年夏季主导风向为东南风，风速为2.5m/s。采用PKPM软件对场地设计

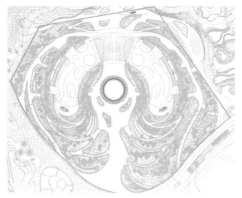

图 8-5　景观平面图

图 8-6　景观效果图

建筑以及基准建筑的风环境进行模拟，场地风速分布如图8-7、图8-8所示。

对场地风速模拟结果进行数据统计，设计建筑活动场地静风（风速＜1m/s）面积约为9178.24m²，场地静风面积比为0.19，基准建筑活动场地静风面积为12473.20m²，场地静风面积比为0.26，设计建筑场地静风面积比较基准建筑场地静风面积比降低26.42%，优化了场地风环境。

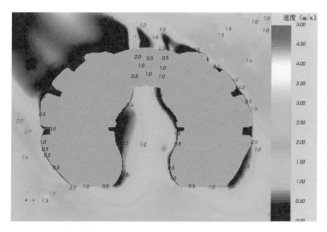

图 8-7　设计建筑场地 1.5m 高度处风速云图

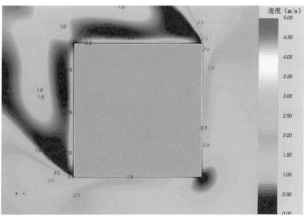

图 8-8　基准建筑场地 1.5m 高度处风速云图

（3）场地平均透风度

本项目场地规则，四周红线长度如图8-9所示。

项目场地为正南北朝向，因此各朝向红线、建筑在典型朝向的投影情况如表8-7所示。

场地建筑典型朝向上的投影　　　　　表8-7

朝向	红线投影长度（m）	建筑投影面积（m²）
东向	245.79	2147.42
南向	296.81	4161.22
西向	245.79	2147.42
北向	296.81	4161.22

建筑最大高度为23.65m，则项目的场地平均透风度为49.16%。

2）布局

（1）建筑密度

本项目建筑基底面积约为7912m²，项目场地建筑密度为16.48%。

（2）最佳太阳朝向面积比

本项目位于北京地区，根据ECOTECT软件，北京地区建筑最佳太阳朝向角度为177.5°，基本为正南朝向。建筑在最佳太阳朝向上的投影面积为4161.22m²，其中最大可能投影面积为4161.22m²，经计算建筑的最佳太阳朝向面积比为100%（图8-10）。

（3）夏季主导风向迎风面积比

北京地区夏季主导风向为东南风，建筑在夏季主导风向上的投影面积为3426.18m²，最大可能投影面积为4161.22m²，建筑夏季主导风向的迎风面积比为82.34%（图8-11）。

（4）平面离散度（图8-12~图8-14）

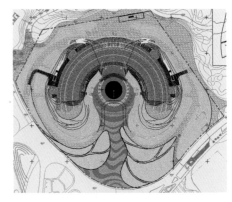

图8-9　项目场地四周红线示意图

图8-10　北京地区建筑最佳太阳朝向示意图

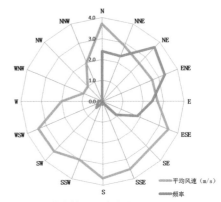

图8-11　北京地区风玫瑰图

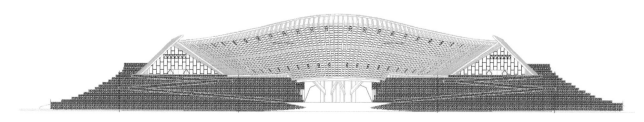

图 8-12　南向立面图

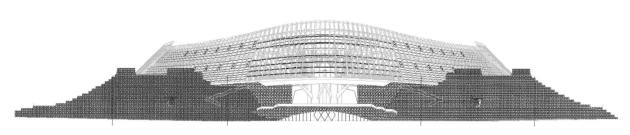

图 8-13　北向立面图

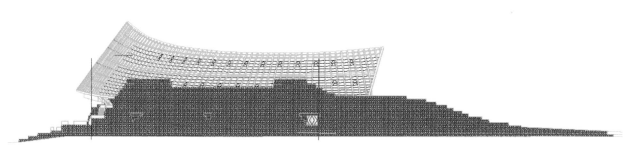

图 8-14　东西向立面图

建筑总立面面积为12141.30m²，建筑平面离散度为0.25294。基准建筑设定为边长为87.56m、高度为35.49m的正方形建筑，基准建筑总立面面积为12429.95m²，基准建筑平面离散度为0.25896。设计建筑平面离散度较基准建筑平面离散度降低2.32%。

3）形体/空间

（1）体形系数

建筑表面积为19453.5m²，建筑总体积为126028m³，建筑体形系数为0.15。

（2）被动区面积比

设计建筑被动区面积为10795.54m²，建筑被动区面积比为46.9%；基准建筑被动区面积为4953.57m²，基准建筑被动区面积比为21.5%（图8-15）。设计建筑较基准建筑提升约1.18倍。

（3）采光空间形状指数、拔风空间面积比（图8-16）

本项目中庭平均截面面积为63.62m²，中庭平均高度约为20m，采光空间形状指数为0.16。中庭顶部天窗可开启，在过渡季或夏季，开启天窗，可形成拔风效果，中庭总面积为259.58m²，拔风空间面积比为1.13%。

4）界面

（1）围护结构热工性能

本项目屋顶、外墙、外窗以及天窗热工性能如表8-8～表8-11所示。

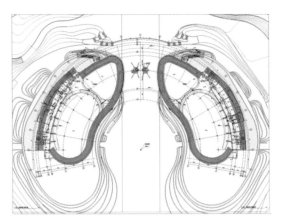

图8-15　建筑被动区域示意图

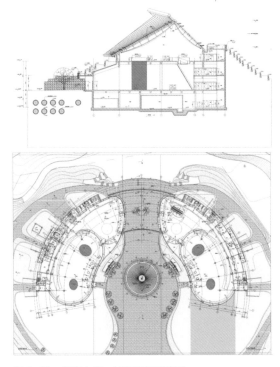

图8-16　采光中庭、拔风空间示意图

屋面热工性能表 表8-8

屋顶1 每层材料名称	厚度 (mm)	导热系数 (W/(m·K))	蓄热系数 (W/(m²·K))	热阻值 (m²·K/W)	热惰性指标 D=R·S	修正系数a
碎石，卵石混凝土	40.0	1.510	15.36	0.026	0.41	1.00
水泥砂浆	40.0	0.930	11.37	0.043	0.49	1.00
钢筋混凝土	120.0	1.740	17.20	0.069	1.19	1.00
挤塑聚苯板	100.0	0.030	0.32	3.030	1.07	1.10
石灰水泥砂浆	20.0	0.870	10.75	0.023	0.25	1.00
屋顶各层之和	320.0	—	—	3.19	3.40	—

屋顶热阻 $R_o=R_i+\sum R+R_e=3.35(m^2·K/W)$　　　$R_i=0.115(m^2·K/W)$, $R_e=0.043(m^2·K/W)$

屋顶传热系数 $K=1/R_o=0.30\ W/(m^2·K)$

太阳辐射吸收系数 $P=0.70$，面密度=501kg/m

屋顶2 每层材料名称	厚度 (mm)	导热系数 (W/(m·K))	蓄热系数 (W/(m²·K))	热阻值 (m²·K/W)	热惰性指标 D=R·S	修正系数a
铝	5.0	203.000	191.00	—	—	1.00
玻璃纤维板	140.0	0.040	0.77	3.182	2.70	1.10
铝	5.0	203.000	191.00	—	—	1.00
屋顶各层之和	150.0	—	—	3.18	2.70	—

屋顶热阻 $R_o=R_i+\sum R+R_e=3.34(m^2·K/W)$　　　$R_i=0.115(m^2·K/W)$, $R_e=0.043(m^2·K/W)$

屋顶传热系数 $K=1/R_o=0.30\ W/(m^2·K)$

太阳辐射吸收系数 $P=0.70$，面密度=41 kg/m²

外墙热工性能表 表8-9

外墙1 每层材料名称	厚度 （mm）	导热系数 （W/（m·K））	蓄热系数 （W/（m²·K））	热阻值 （m²·K/W）	热惰性指标 $D=R·S$	修正系数a
水泥砂浆	20.0	0.930	11.37	0.022	0.24	1.00
钢筋混凝土	200.0	1.740	17.20	0.115	1.98	1.00
挤塑聚苯板	50.0	0.030	0.32	1.515	0.53	1.10
水泥砂浆	20.0	0.930	11.37	0.022	0.24	1.00
轻质黏土	1000.0	0.470	6.36	2.128	13.53	1.00
外墙各层之和	1290.0	—	—	3.80	16.53	—

外墙热阻 $R_o=R_i+\sum R+R_e=3.96$（m²·K/W） $\quad R_i=0.115$（m²·K/W），$R_e=0.043$（m²·K/W）

外墙传热系数 $K_p=1/R_o=0.25$ W/（m²·K）

太阳辐射吸收系数 $P=0.70$

外墙2 每层材料名称	厚度 （mm）	导热系数 （W/（m·K））	蓄热系数 （W/（m²·K））	热阻值 （m²·K/W）	热惰性指标 $D=R·S$	修正系数a
水泥砂浆	20.0	0.930	11.37	0.022	0.24	1.00
轻集料混凝土砌块	200.0	0.450	7.92	0.444	3.52	1.00
玻璃纤维板	100.0	0.040	0.77	2.273	1.92	1.10
水泥砂浆	20.0	0.930	11.37	0.022	0.24	1.00
外墙各层之和	340.0	—	—	2.76	5.93	—

外墙热阻 $R_o=R_i+\sum R+R_e=2.92$（m²·K/W） $\quad R_i=0.115$（m²·K/W），$R_e=0.043$（m²·K/W）

外墙传热系数 $K_p=1/R_o=0.25$ W/（m²·K）

太阳辐射吸收系数 $P=0.70$

外窗热工性能表　　　　　　　　　　　　表8-10

朝向	规格型号	外窗面积（m²）	传热系数（W/(m·K)）	立面窗墙面积比（包括透光幕墙）	加权传热系数（W/(m·K)）	传热系数限值（W/(m·K)）
东	PA断桥铝合金中空（辐射率＜0.15）Low-E 6无色+12A+6 无色	1233.1	1.80	0.36	1.80	＜2.40
南	PA断桥铝合金中空（辐射率＜0.15）Low-E 6无色+12A+6 无色	958.0	1.80	0.47	1.80	＜2.20
西	PA断桥铝合金中空（辐射率＜0.15）Low-E 6无色+12A+6 无色	1234.1	1.80	0.36	1.80	＜2.40
北	PA断桥铝合金中空（辐射率＜0.15）Low-E 6无色+12A+6 无色	1569.6	1.80	0.48	1.80	＜2.20

天窗热工性能表　　　　　　　　　　　　表8-11

屋面透光部分 窗框	屋面透光部分 玻璃	传热系数（W/(m·k)）	太阳得热系数SHGC	K限值	SHGC 限值
断桥铝合金型材	6（中透光）Low-E+3.2+6+12A+6+6	1.80	0.32	＜2.00	＜0.35

设计值与节能标准性能限值对比表　　　　　　　　　　　　表8-12

部位	设计建筑	节能标准限值	提升比例（%）	部位	设计建筑	节能标准限值	提升比例（%）
屋面	0.33/0.36	0.45	20.0	外窗	1.8	2.2	18.2
外墙	0.35	0.50	30.0	天窗	1.8	2.4	25.0

设计建筑与国家公共建筑节能设计标准值对比如表8-12所示。

由表8-12分析，本项目外围护结构较建筑节能标准提升比例≥18.2%。

（2）窗墙面积比

本项目各朝向窗墙面积比如表8-13所示。

（3）外窗有效通风面积比

本项目外窗有效通风面积为676m²，外窗有效通风面积比为5.6%（表8-14）。

建筑窗墙面积比统计表　　　　　　　　　　　　表8-13

朝向	外窗面积（包括透明幕墙）（m²）	朝向面积（m²）	朝向窗墙比
东	1233.1	3402.0	36.2%
南	958.0	2058.8	46.5%
西	1234.1	3402.0	36.3%
北	1569.6	3278.5	47.9%
合计	4994.9	12141.3	41.1%

建筑有效通风面积比统计表　　　　　　　　　　表 8-14

朝向	有效通风换气面积（m²）	外墙面积（m²）	有效通风换气面积占外墙面积实际值
东	167.9	3402.0	0.05
南	141.4	2058.8	0.07
西	168.9	3402.0	0.05
北	197.8	3278.5	0.06
合计	676.0	12141.3	0.056

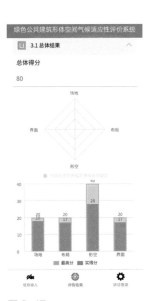

图 8-17
绿色公共建筑形体空间气候适应性评价系统评价结果

3．项目试评结果

本项目各项指标输入试评软件，最终适应性得分为80分，各项指标评价结果如图8-17所示。

8.3.2　评价体系拓展

　　鉴于公共建筑功能的复杂多样，课题组成员还选择了若干公共建筑中较为典型的办公和展馆类建筑进行了评价，评价结果如表8-15所示。

评价结果　　　　　　　　　　　　　　　　　　　　　表8-15

	中国馆	项目1	项目2	项目3
效果图				
地区	北京	北京	北京	上海
功能	展馆	展馆	办公	办公
场地遮阴率	5.00%	60.80%	10.00%	24.17%
绿地率	25%	15%	30.47%	16.00%
夏季场地静风区面积比较基准降低幅度	26.42%	-43.54%	-55.52%	33.22%
场地平均透风度	49.16%	62.16%	53.60%	31.05%
建筑密度	16.48%	25.18%	45.07%	30.41%
最佳太阳朝向面积比	100%	100%	42.09%	112.74%
夏季主导风向迎风面积比	82.34%	76%	51.48%	86.39%
平面离散度较基准增加幅度	-2.32%	39.19%	45.15%	63.91%
体形系数	0.15	0.11	0.13	不参评
屋面遮蔽系数	0.00%	100%	5.46%	8.18%

续表

	中国馆	项目1	项目2	项目3
外表面接触系数	不参评	不参评	不参评	0.46
被动区面积比较基准提升幅度	117.93%	-40.85%	54.01%	69.43%
采光空间形状指数	0.16	6.85	0.18	0.44
通风架空率	不参评	不参评	不参评	0.00%
拔风空间面积比	1.13%	0.00%	0.63%	0.59%
屋面坡度	28.96°	3.21°	0	0
围护结构热工性能提升比例	18.20%	5.30%	4.40%	0.00%
窗墙面积比	41.00%	5.30%	32.00%	44.00%
屋面/立面平均太阳辐射反射系数	不参评	不参评	不参评	0.61
外窗有效通风面积比	5.57%	11.74%	10.93%	5.46%
软件评价得分	80	61	62	62

综合上述项目评价结果显示，评价建筑整体在界面和场地指标部分得分较低，其中场地指标部分的绿地率等达标情况跟场地功能关联性较大，对于大型办公综合体等建筑场地通常要求场地开阔，交往公共活动空间较大，因而绿地率指标普遍较低。在建筑界面指标方面，公共建筑窗墙面积比、外窗有效通风面积比指标得分较低，公共建筑外窗普遍较大，尤其是高层、超高层建筑项目，普遍采用大玻璃幕墙体系，因而建筑的窗墙面积比较大，有效的通风面积比较小。公共建筑受建筑功能、建设场地和工程投资控制等影响较大，较难对气候适应性作出充分的响应。

随着大众对节能、绿色、健康建筑意识的提升，未来公共建筑的气候适应性的响应也会越来越充分，同时对某一项指标的响应积极性也将有不同体现，因而公共建筑气候适应性的评价应作为动态的系统，随着参与项目而不断调整指标的评价，包括权重以及得分，从而做到与时俱进，实时反映时代特征。

8.4 结论

建筑设计作为一个系统性工作，建筑-环境、功能-空间、材料-艺术等关系彼此关联、相互影响，是一个庞大复杂的系统工程，单个元素不能表征建筑的整体特征，建筑的总体也并不是各元素的线性叠加。本研究分析绿色公共建筑微气候的变化规律及其相关设计因子，并以绿色公共建筑的室内外环境的热舒适指标阈值为目标导向，探寻相关因子的量化导控指标，建构气候适应性设计评价体系，通过将室内外热舒适研究与气候适应性设计研究进行有效链接，为绿色公共建筑的气候适应性设计提供具有参考性的指导，是对绿色公共建筑设计理论与方法的补充完善，并为建构基于气候适应性的绿色公共建筑设计方法奠定了基础。

本研究主要创新点如下。

（1）通过系统化总结既有研究成果，对与建筑形体空间相关的气候适应性设计诸要素进行了系统分析和梳理，引入系统动力学模型，提出了具有层级关系的要素谱系。

（2）针对公共建筑气候适应的复杂性特点，初步建立了适用于绿色公共建筑形体空间气候适应性评价工具。

（3）开发了基于移动终端的绿色公共建筑形体空间气候适应性评价软件。

本研究所取得的成果是该方向研究的开始，有关评价指标的适用性、取值、各指标的权重需要依托与本研究平行进行的"绿色公共建筑数据库"，通过实际案例的不断比对和反馈修正，经过一段时间的积累后方能逐步完善，因此后续仍需要持续开展相关研究工作。

▌参考文献

[1] 中华人民共和国住房和城乡建设部. 民用建筑绿色设计规范：JGJ/T 229—2010[S]. 北京：中国建筑工业出版社，2011.

[2] G. Z. 布朗，马克·德凯. 太阳辐射·风·自然光：建筑设计策略（第2版）[M]. 常志刚，刘毅军，朱宏涛，译. 北京：中国建筑工业出版社，2008.